BESTSELLER

JACOBO GRINBERG-ZYLBERBAUM

LA EXPERIENCIA INTERNA

DEBOLSILLO

Título original: *La experiencia interna*

ISBN: 979-889-098-745-7

Impresión digital bajo demanda

156016905

A Estusha

ÍNDICE

Soy contrario a términos como fantasía o simbolismo,
Todo nuestro mundo interior es realidad;
tal vez más real que el mundo que vemos.

MARC CHAGALL

Las estrellas están en nuestro cerebro.

BERTRAND RUSSELL

JACOBO GRINBERG-ZYLBERBAUM: EL QUIJOTE DE LA CIENCIA

Por Emiliano Ruiz Parra

Jacobo Grinberg nació el 12 de diciembre de 1946 en la Ciudad de México, en una familia de inmigrantes que habían escapado de las persecuciones antisemitas en Europa del Este. Estudió Psicología en la Universidad Nacional Autónoma de México (UNAM) y un doctorado en Neurociencias en la Universidad de Nueva York.

Jacobo Grinberg es uno de los mexicanos más desafiantes de la segunda mitad del siglo XX. Eligió el cerebro humano como tema de investigación y se propuso responder a la pregunta de dónde proviene *la experiencia*, es decir, cómo se construye la realidad en la mente. Esa respuesta lo llevó a formular la *teoría sintérgica* (*sintergia*, neologismo derivado de *síntesis* y *energía*), de la que se hablará más adelante.

Grinberg fue un hombre de ciencia, obsesionado con las mediciones objetivas y puntuales, los experimentos y las comprobaciones de laboratorio. Esa obsesión, sin embargo, no le impidió cruzar fronteras: conoció y divulgó los supuestos dones de los chamanes indígenas como Pachita, que realizaba trasplantes de órganos con un cuchillo de monte. Se tomó en serio las escuelas místicas, en especial la cábala judía y el budismo tibetano; estudió y practicó la meditación y el yoga. Sus intereses intelectuales quedaron registrados en más de 50 libros. Fue un autor prolífico que lo mismo escribió textos científicos que cuentos, novelas y una autobiografía.

En diciembre de 1994 Jacobo Grinberg desapareció. Nunca fue localizado y las autoridades no obtuvieron mayores pistas de su paradero ni de los posibles responsables de su secuestro. Su repentina ausencia provocó, primero, una temporada de olvido. Grinberg no era bien visto por la comunidad científica de su época y durante años había soportado acusaciones de charlatanería y falta de rigor científico. Con el tiempo, sin embargo, se ha formado un público abierto a las propuestas del doctor Grinberg. Quien se aventure a leer sus libros encontrará a un autor audaz, a un científico que cruzó fronteras y, sobre todo, a un ser humano que buscó la libertad en cada palabra escrita.

El ortodoxo

Antes de convertirse en un científico de mente abierta, Jacobo Grinberg fue un hombre de normas y estructuras tradicionales. Cuando era joven, escogió como mentor al profesor más rígido y exigente de la carrera en Psicología: el médico y neurofisiólogo Héctor Brust Carmona. "Se convertiría en la influencia más importante de mi vida —escribió el propio Grinberg—, mi ser reconocía en Brust la figura paterna que mi inconsciente anhelaba".

En los sesenta los estudios de psicología habían surgido dentro de la Facultad de Filosofía y Letras de la UNAM, que bullía entre movimientos de izquierda, pensadores existencialistas y jóvenes en pleno despertar político y sexual. El plan de estudios incluía materias más duras, como la psicofisiología, y los estudiantes debían caminar a la Facultad de Medicina a tomarlas. Entre los profesores que impartían esas materias estaba Brust Carmona.

"Me burlaba de las emociones, considerándolas muestras de debilidad —escribió Grinberg en su autobiografía *La batalla por el templo* (1991)—, el impulso a ser admitido me perseguía siempre". Después de rigurosos exámenes, el joven Grinberg entró como aprendiz al laboratorio que dirigía Brust Carmona y se vestía siempre de bata, traje y corbata. Tanto en el laboratorio como en su vida matrimonial "todo debía vivirse de la misma forma, sin desviación alguna", recordó después. El joven Jacobo —al igual que Brust Carmona— estudiaba el núcleo caudado del cerebro: justo la parte del órgano que regula el control.

En esa época se aceptaba y practicaba la experimentación con animales. En el laboratorio de Brust lo hacían, sobre todo, con gatos. Se les abría la cabeza, se les conectaban ánodos y cátodos en el cerebro y se les estimulaba con proteínas. Lizette Arditti, quien fue su primera esposa, me cuenta que el examen profesional de Jacobo provocó conmoción. Llevó a un gato con electrodos en la cabeza. El auditorio se crispó cuando el michi enseñó los colmillos después de que le estimularon la amígdala (un núcleo subcortical en el cerebro). En ese entonces, escribió Grinberg, "solo aceptaba los resultados de experimentos controlados". Aprendió a dominar las artes quirúrgicas, el registro encefalográfico y el método experimental. Y comprendía la física cuántica, central para sus teorías de madurez.

Y llegó 1968, ese año que subvirtió a las juventudes en diversas ciudades del mundo y, por supuesto, en la Ciudad de México. Para ese entonces, Jacobo ya empezaba a cuestionarse sus ideas sobre la vida. Y dio el paso: al igual que cientos de miles de jóvenes universitarios, se sumó al movimiento estudiantil. "Me gustaban las normas —reflexionó después—, pero también empezaba ya a anhelar un cambio de estructuras". La tarde del 2 de octubre tenía planeado acudir a la marcha a Tlatelolco, pero uno de los gatos del laboratorio sufrió una crisis y Jacobo pasó horas dándole respiración de boca a boca y eso le impidió llegar a la marcha que devino en masacre. En los días que sucedieron a la matanza de las Tres Culturas, Jacobo acudió a cuidar a los gatos en medio de una universidad tomada por los soldados.

"Empecé a sentir una necesidad imperiosa de libertad y todo el control que me había impuesto comenzó a resquebrajarse, dentro de mí hervía la inquietud y el deseo de algo desconocido". Su atuendo sufrió cambios: guardó la corbata y comenzó a usar guayaberas, mezclilla y tenis.

La madre

Hay un tópico que se repite en los textos acerca de Jacobo Grinberg: el impacto que le provocó la muerte de su madre. El niño Jacobo tenía 10 años y cuidó a su mamá en su agonía, en la casa familiar de la calle Sócrates, en la colonia Polanco. Él mismo se pregunta si esa orfandad lo llevó a estudiar el cerebro, pues su madre falleció de un tumor cerebral.

"Yo pasaba mucho tiempo solo cuidando a mi mamá; pensaba yo mucho y pensaba en las distintas dimensiones del mundo", le contó a su amigo Juan José Sánchez Sosa.

Sin ese cimiento que era Estusha Zylberbaum, la familia quedó a la deriva, en manos de un padre violento y de una nana, Petra, que cuidó a los pequeños hermanos Nathán, Jacobo y Gerardo Grinberg, de acuerdo con el relato autobiográfico del propio Jacobo.

En un ambiente doméstico sofocante, Jacobo Grinberg se matriculó en la licenciatura en Física en la Facultad de Ciencias de la UNAM. Y se inscribió en un grupo sionista: quería emigrar a Israel. En ese grupo conoció a Lizette Arditti. Jacobo, recuerda Arditti, era un muchacho lector y muy intelectual, que desde entonces lucía una larga y cerrada barba negra. En unos meses se instalaron como trabajadores agrícolas en un kibutz a escasos 500 metros de la Franja de Gaza —uno de los kibutz atacados por Hamas el 7 de octubre de 2023.

"Descubrimos el amor con mucha libertad. No estaban nuestros padres para decirnos así sí o así no. Era una exploración hermosa y muy libre", recuerda Arditti más de medio siglo después. Arditti lo sigue llamando Jaco, como le decía de cariño cuando eran novios.

Un año después, Grinberg volvió a México. Su padre había tenido otro hijo con una nueva esposa: un niño "que era una hermosura", como recuerda el propio Grinberg. Ese pequeño se convertiría en el célebre actor Ari Telch. Arditti regresó también a la casa de sus padres, en Guadalajara. Jacobo la visitaba cada que podía. El propio Grinberg cuenta en sus páginas autobiográficas que era tímido y se quedaba callado en las comidas con sus suegros. Pronto abandonó la física porque reparó en que las matemáticas no eran su fuerte, se matriculó en la carrera de Psicología y consiguió trabajitos como ayudante de maestro y auxiliar de laboratorio. Su amigo y también estudiante de Psicología Juan José Sánchez Sosa recuerda que ambos trabajaban en el laboratorio de la Preparatoria 4, al poniente de la Ciudad de México. Con una mínima autonomía económica, el 25 de septiembre de 1968 Jacobo y Lizette se casaron en la sinagoga de la calle Monterrey, en la colonia Roma de la Ciudad de México. Lo celebraron con un brindis en la casa de los padres de Arditti, que se habían mudado a la Ciudad de México. En 1971 nació Estusha Grinberg, la única hija de Jacobo y Lizette.

Jacobo era un muchacho bajito y regordete de —más o menos— un metro sesenta de estatura. "Un osito", como lo recuerda Juan José Sánchez Sosa. Un joven de buen sentido del humor, que contaba chistes.

"Lo recuerdo muy claramente como alguien excepcionalmente despierto. Muy perceptivo. Era optimista y muy cercano interpersonalmente. Ponía mucha atención a lo que estaba uno diciendo, lo pensaba, lo comentaba e interactuaba a partir de eso", me dice Sánchez Sosa en su laboratorio de la Facultad de Psicología, de la que es profesor emérito.

Grinberg empezó a cuestionarse ideas incluso desde su propia vida personal.

"Abrazaba a Lizette, pero soñaba con otras mujeres", escribió Grinberg en su autobiografía.

"Era todo muy lindo hasta que Jacobo empezó a despertar a otras mujeres", me cuenta Arditti. Jacobo trató de convencerla de tener una relación abierta. "Yo no pude con eso. Me dije: 'Tengo que hacerle caso a mi corazón, no a las ideas'. Y ahí hay una separación contundente y Jacobo agarra su camino".

En *La batalla por el templo* Grinberg cuenta sus múltiples búsquedas que lo llevaron a romper con maneras de ser y de pensar que había aprendido de su rígida madre y de los maestros del Colegio Israelita. Grinberg amó profundamente a las mujeres. A su hija Estusha, sobre todo, y a Lizette mientras fue su pareja. Los enamoramientos de Grinberg eran como erupciones volcánicas. Se fascinaba por una mujer y la amaba locamente unas semanas; luego llegaba el aterrizaje a la realidad, empezaban los pleitos constantes y Grinberg se sentía agobiado.

"Siento que no era muy maduro en la parte afectiva", me dice Arditti en entrevista.

La pareja intentó una reconciliación. Grinberg se fue a estudiar el doctorado a la Universidad de Nueva York, al laboratorio de Estudios del Cerebro, que dirigía Roy John. En Nueva York, Grinberg experimentó un despertar intelectual y empezó a forjar sus más revolucionarias ideas. Lizette y la pequeña Estusha lo alcanzaron y retomaron la vida familiar. Pero a las pocas semanas ocurrió lo mismo: Jacobo se sintió "en una prisión" y la pareja se separó por segunda vez. El viaje, sin embargo, fue provechoso para ambos. Lizette hizo una maestría en Psicología Humanista y descubrió su segunda vocación, la pintura. Aun después de separarse, Grinberg le llevó a Arditti cada uno de sus más de 50 libros. Sabía que ella los leería y comprendería.

Años después, Grinberg reflexionaría acerca de su rompimiento con Arditti: "Lizette era mi amiga, hermana y esposa, y ambos nos sosteníamos a la perfección. Solamente cuando se pierde una relación así se percibe lo maravillosa que era".

La teoría sintérgica

Los chamanes indígenas, los lamas tibetanos, la cábala judía. Grinberg les dedicó atención y escribió sobre ellos como ningún otro investigador mexicano de su época. Pero fue más lejos, en busca de explicarse la conciencia terminó por ofrecer una teoría del cosmos. Grinberg se preguntó cómo se forma *la experiencia*: aquello que los seres humanos percibimos y conocemos como la realidad:

"Jacobo quería entender el mundo consciente: lo que vemos, tocamos, saboreamos, sentimos. A Jacobo le interesaba el hecho de que nosotros estamos conscientes y podemos hacernos preguntas como de dónde vienen los átomos, cuál es el origen de la vida, y otras", me dice Manuel Delaflor, quien fuera su discípulo durante seis años.

Grinberg pronto se dio cuenta de que no existía una dicotomía entre la realidad y nuestra percepción, o entre la materia y la idea que tenemos de esta. Ambas eran una sola cosa y había que entenderlas como una unidad. O mejor aún, como *la Unidad*.

Y para explicarlo ofreció la teoría sintérgica.

El universo —propone esta teoría— está conectado a través de la *lattice* (celosía, enrejado), una matriz, constituida a nivel cuántico, que contiene toda la información del universo. La lattice contiene la misma información en todos y cada uno de sus puntos. Lo que nosotros conocemos como realidad es el resultado de la interacción entre la lattice y nuestro campo neuronal. Pero el ser humano no es un receptor pasivo de la lattice. La conciencia no solo recibe la información. También participa de ella. Al hacerlo, la altera y la modifica.

"Cuando la energía se concentra de cierta forma en el cerebro se produce lo que él llama un campo neuronal, que interactúa con la lattice o matriz básica del espacio, y de esta interacción surge el mundo que vemos. ¿Cómo se crea la experiencia? Es la distorsión producida por la actividad cerebral —me explica Delaflor—. Sí existe un mundo material, pero lo que nosotros percibimos está mediado por esta interacción. Lo que percibimos está construido, no está dado".

El cerebro, para Grinberg, es una estructura *similar* a la lattice: un cuerpo orgánico cuyos 12 mil millones de neuronas se conectan por medio de los axones. El cerebro, dice Grinberg, es un espejo donde se refleja la lattice. Y el órgano capaz de decodificarla por medio de un proceso que llamó la *neuroalgoritmización*.

Durante meses, Grinberg estuvo presente en la sala de operaciones de Bárbara Guerrero, *Pachita*. ¿Cómo debe reaccionar un científico ante lo que veían sus ojos? Grinberg cuenta que Pachita sacaba tumores o transplantaba órganos sanos después de extirpar riñones o pulmones enfermos. Lo que más interpelaba a Grinberg era que, de la nada, aparecían en las manos de la chamana un riñón, un pulmón o un pedazo sano de cerebro que injertaba en los cuerpos de sus pacientes.

Grinberg se explicó esos milagros por medio de su teoría sintérgica. Decía: el cerebro de Pachita es capaz de alterar la lattice. Por eso el interés de Grinberg en estudiar los cerebros de los chamanes mexicanos y los lamas tibetanos.

"Lo voy a explicar en términos especulativos: si el cerebro construye el mundo que vemos, ¿qué pasa si nos encontramos con un cerebro que no procesa el mundo como los demás? El chamán aparentemente tiene capacidades que le permiten hacer predicciones o curaciones de formas que no son entendidas de manera convencional porque su conciencia es distinta: distorsionan de otra manera la base del espacio y, por lo tanto, tienen habilidades que otros no tienen. El interés de Jacobo, más que antropológico, era 'necesito encontrar cerebros que no funcionan como los cerebros convencionales para ver si la teoría tiene sustento'", dice Delaflor.

"Todos nuestros pensamientos están interrelacionados [...] muchos ni siquiera son nuestros, sino que vienen del colectivo", anotó Grinberg. En busca de huellas medibles de la interacción entre el cerebro humano y la lattice, pensó en el concepto *potencial transferido*. Quería saber si los cerebros de dos personas podían comunicarse. El experimento era sencillo: dos personas se encontraban y conversaban. Después, metía a cada una a una cámara de Faraday, en donde no tenían ningún tipo de contacto. Ahí, estimulaba solo al sujeto A. Quería saber si el cerebro del sujeto B, en ese mismo momento, registraba una variación eléctrica medible por los aparatos. Según el periodista Sam Quiñones —que escribió sobre Grinberg tres años después de su desaparición—, sus resultados fueron positivos en el 25 por ciento de los casos.

"Para la ciencia son casualidad. Como no se ha logrado replicarlo con un nivel estadístico confiable, la comunidad científica lo ha eliminado de sus áreas de experimentación", escribió Leah Bella Attie (*Alicia en el país de la conciencia*). Attie era la colaboradora de Grinberg que estaba a cargo de los experimentos de potencial transferido al momento de la desaparición del investigador.

La teoría sintérgica no se tomó en serio. "Me siento como excomulgado, viviendo al margen de la sociedad, [ese ha sido] el precio a pagar por no someterme al paradigma imperante", escribió Grinberg en *La batalla por el templo*.

Meses antes de desaparecer, Grinberg recibió a un reportero. Le dijo que sus investigaciones tenían tres vertientes: el enfoque neurofisiológico, que desarrollaba en el laboratorio; el enfoque chamánico, que se hacía en el trabajo de campo, y el estudio de las distintas escuelas místicas. "Lo acusan de charlatanería", lo provocó el reportero. "La ciencia se define por su método, no por sus temas", replicó el psicofisiólogo.

Sam Quiñones hace una bella síntesis de la sintergia: "La teoría por la que Grinberg llegó a ser conocido reflejaba su personalidad. Basándose en la física y en sus experiencias con curanderos, un poquito de Einstein, un poquito de doña Pachita, su mensaje esencial era cálido y esperanzador: toda la humanidad está interconectada. Grinberg pasó casi toda su vida de adulto tratando de probar esta idea. Si tuvo éxito o no es un debate que continúa en su ausencia".

El laboratorio

Así lo describe Manuel Delaflor: "Entrabas y había un espacio de oficina con el escritorio de Jacobo enfrente de una ventana. Había libreros por todos lados y podíamos sentarnos ahí ocho o diez personas con sillas alrededor del escritorio. Luego un pasillo, otra computadora y varios estantes y aparatos de registro electroencefalográfico. Después venía un baño independiente y una cámara de Faraday en donde podía la gente entrar y estar aislados electromagnéticamente del entorno".

Leah Bella Attie y Amira Valle tenían poco más de 20 años cuando trabajaban con Jacobo Grinberg. Ellas han escrito un libro para rescatar sus memorias y los trabajos científicos que hicieron con la dirección de su maestro. Se llama *Alicia en el país de la conciencia* e hicieron una edición de autor en 2014. Ellas conocieron a Jacobo Grinberg cuando él estaba en la cuarta década de su vida. Grinberg ya había desarrollado sus principales teorías. Era consciente de la heterodoxia de sus planteamientos y del rechazo que provocaban en los científicos institucionales.

En el volumen, Attie y Valle cuentan que cuando Jacobo Grinberg llegaba enojado al laboratorio "su energía era tan fuerte que las computadoras paraban o no prendían. Teníamos que poner las manos encima para que se calmaran como si fueran cachorritos". Por el contrario, cuando Grinberg estaba feliz y entusiasmado, "el hipercampo del laboratorio cambiaba", los aparatos funcionaban a la perfección.

Jacobo Grinberg dirigía el laboratorio número 23 de la Facultad de Psicología de la UNAM, el cual obtuvo cuando lo nombraron coordinador de la maestría en Psicobiología. Allí pasaba la mayor parte de su tiempo. "Tenía cámaras de Faraday, electroencefalógrafos, equipos para inducir sonidos con bocinas; tenía registros psicofisiológicos, tasa cardiaca, pletismógrafo para respiración, [medidores de] temperatura distal periférica", recuerda Juan José Sánchez Sosa, quien, en la década de los noventa, era director de la Facultad de Psicología. La cotidianidad se desarrollaba entre computadoras, plumillas y papel de electroencefalograma.

"Jacobo era muy entusiasta y podía ser muy convincente y elocuente con las personas correctas. En la UNAM nosotros teníamos siempre las mejores computadoras antes que nadie. Era el mejor laboratorio", recuerda Delaflor.

Celebraba reuniones semanales cada viernes a las tres de la tarde. Attie y Valle cuentan que era una delicia intelectual. Discutir los proyectos de trabajo, los hacía hablar de filosofía, ciencias y disciplinas orientales. Y no tuvo problema en aceptar entre sus colaboradores al "genio autodidacta" —así lo llamaba— Manuel Delaflor, quien carecía de títulos y diplomas.

Jacobo Grinberg también se postulaba a diversas convocatorias del Conacyt y la UNAM para obtener becas para los 15 colaboradores que llegó a tener el laboratorio.

"No existían los buscadores [de internet], pero Jacobo era muy diestro buscando y encontrando qué fundaciones financiaban proyectos. Alguna vez me dijo: 'No tienes idea de la cantidad de dinero que nadie usa porque nadie responde a las convocatorias'. Él conseguía dinero del Conacyt, que ya existía, con relativa facilidad", recuerda Sánchez Sosa.

Al laboratorio acudían lamas tibetanos, chamanes indígenas, cabalistas judíos, pacientes operados por Pachita. Grinberg los invitaba a que entraran a la cámara de Faraday a ponerse gorritos con electrodos en la cabeza para medirles el *potencial evocado* y el *potencial transferido*, conceptos centrales en las investigaciones del equipo. El laboratorio era el epicentro, pero los investigadores salían a confrontar sus hallazgos. Delaflor recuerda que acompañó a su maestro a ver a luminarias contraculturales de su época, como Carlos Castaneda —el autor de *Las enseñanzas de don Juan*— o el muy excéntrico jesuita Salvador Freixedo, experto en ovnis.

"Jacobo daba batallas frontales para defender el laboratorio de despiadados ataques", escribió Amira Valle. Ataques que provenían del "grupo de neurofisiólogos que no podía aceptar que un miembro de su comunidad hubiese cambiado radicalmente el enfoque, alejándose de la ortodoxia". Por esas épocas, Grinberg dirigía el curso de meditación en el auditorio de la facultad; tenía la cátedra de Mecanismos de la Memoria, y además daba un seminario con especialistas, con quienes discutía temas diversos.

"Cuando empieza a describir estas otras experiencias que parecían no tener explicación, una gran cantidad de la comunidad científica de la UNAM y de afuera dijeron: 'Es otro charlatán, ya está hablando de cosas raras, no está haciendo ciencia', pero Jacobo nunca dejó de usar el laboratorio con la metodología apropiada", recuerda su amigo y colega Sánchez Sosa.

"Cerramos los jueves", decía un letrero pegado en la puerta del laboratorio. Leah Bella Attie descubriría que los jueves Jacobo Grinberg se dedicaba a meditar, hacer yoga y profundizar en prácticas orientales. Leah quiso sumarse, después uno y otro colega de su equipo se fueron animando hasta que los jueves se convirtieron en el día en que varios integrantes del laboratorio viajaban a la cabaña que Grinberg tenía en algún lugar de los Altos de Morelos. Allí les enseñó yoga, meditación autoalusiva, *Pranayama* (una técnica de respiración) y caminatas de conciencia: a cada paso tocarse un dedo y decir za-ta-na-ma... "Era ver al académico transformarse en nuestro maestro espiritual", escribió Attie. "Durante un tiempo, cada jueves, ahí íbamos a hacer meditación. La cabaña estaba en medio del bosque y no tenía agua ni luz, ni nada", dice Delaflor.

Era una época sin internet ni celulares. Las cartas se recibían por fax y se imprimían en ruidosas impresoras de puntos. No había teléfono adentro del laboratorio y, cuando Grinberg tenía llamada, Leah era la responsable de salir corriendo a contestar el teléfono.

Algunos colaboradores se ganaron el mote de "los cuatro sintérgicos". Uno de los sueños de Grinberg era establecer el Instituto Nacional para Estudios de la Conciencia (INPEC): un espacio donde integrar sus búsquedas científicas y espirituales: continuar con sus investigaciones y también enseñar meditación y yoga. Pero sobrevino su desaparición a finales de 1994 y sus proyectos quedaron en vilo.

Las fronteras

Jacobo Grinberg cruzó las fronteras de la ciencia. Experimentó con la ouija, el *I Ching*, la astrología y la cábala; creyó en la *visión extraocular* (ver sin los ojos) y enseñó a los niños a practicarla. De acuerdo con sus escritos, alguna vez logró levitar; rememoró 12 vidas pasadas y al menos dos veces *mudó de cuerpo*. Fue a Costa Rica a buscar señales de la Atlántida, el continente perdido, acompañado de chamanas de ese país. Cuando Grinberg escribió sus libros la contaminación del aire en la Ciudad de México era ya insoportable. Según su propio testimonio, no se quedó cruzado de brazos: con ejercicios de respiración y meditación limpió la atmósfera de algunas de las manzanas a la redonda. Luego se comunicó a la Secretaría de Ecología (*sic*) para ofrecer su técnica y fue cortésmente desairado.

Pero acaso su experiencia más audaz la vivió junto a Bárbara Guerrero, *Pachita*, la chamana que hacía transplantes de órganos con un cuchillo de monte. Grinberg atestiguó decenas, acaso cientos de operaciones de pacientes que llegaban desahuciados y se iban felices, sanos y curados. Pachita —cuenta Grinberg— entraba en trance y el espíritu de Cuauhtémoc, el último emperador azteca, tomaba el cuerpo de la chamana. Grinberg se dirigía a Pachita como "Hermano", porque en realidad le hablaba a Cuauhtémoc, con quien conversaba en los intervalos entre paciente y paciente.

"Supe que yo estaba ahí no para fundar un instituto [de estudios de la conciencia] sino para establecer un puente de unión entre Cuauhtémoc y Quetzalcóatl [...] Cuauhtémoc me animaba a escribir en un lenguaje florido [...] me contaba de su vida de emperador y de la terrible conquista [a la] que fue sometido él y su reino", cuenta el propio Grinberg. "Publiqué un libro sobre Pachita y mis colegas de la UNAM pensaron que había enloquecido", recordó después.

En la India fue a buscar a un gurú de 800 años de edad, pero llegó tarde: había muerto tres días antes. En México buscó al chamán don Panchito, menos longevo, pero que llegó a los 130 años. También estuvo en busca de las huellas históricas del indio yaqui Juan Matus, el sabio de *Las enseñanzas de don Juan*. Se convenció de su existencia histórica y absorbió sus ideas por medio de los libros de Carlos Castaneda.

"Comencé a sospechar que las ideas que yo suponía mías en realidad me habían sido dadas por don Juan desde el otro mundo [...] mi campo neuronal había logrado interactuar con don Juan en alguna zona de la lattice".

He hecho una enumeración de algunas de las fronteras intelectuales que Grinberg cruzó, y que él mismo contó en el delicioso volumen autobiográfico *La batalla por el templo*. Lo dicho aquí con prisa y trivialidad posee, en realidad, un atrevimiento que el lector solo encontrará cuando lea los libros de Grinberg.

Su audacia intelectual más seductora tiene un giro borgiano o de cuento de Philip K. Dick. Cuenta Grinberg que, en los años cincuenta, un inmigrante europeo llegó a una universidad norteamericana a dictar conferencias sobre la conciencia. Se le conocía como el Viejo. Convocó a sus estudiantes más comprometidos a apartarse a una vida de reflexión en una reserva indígena. Ahí, el maestro llegó a un grado tan elevado de meditación que un día se esfumó entre los árboles. Ese maestro se llamaba —coincidentemente— Jacobo *Albert* Grinberg-Zylberbaum.

Décadas después, uno de los discípulos del Viejo encontró los libros de Jacobo Grinberg —el mexicano—, y notó que coincidían punto por punto con las enseñanzas del viejo Albert. Grinberg —el joven— se pregunta si acaso el espíritu del Viejo lo ha tomado y guiado desde su infancia, específicamente desde un momento crucial: la muerte de su madre, Estusha. "¿Era Albert el arquitecto del plan y yo una simple herramienta en sus manos para realizar sus deseos?", se pregunta. Acerca de aquel hombre "de vez en cuando recibo noticias confirmatorias de su existencia y de su conexión misteriosa con la mía".

Sin embargo, dice Delaflor, Jacobo siempre renegó de que lo tildaran de *parapsicólogo*. "Esto es ciencia", decía.

Y nunca, recalca su amigo Sánchez Sosa, nunca Jacobo Grinberg perdió contacto con la realidad. Era reticente al consumo de alcohol y drogas. Nunca alucinó ni oyó voces.

"Buscaba la explicación científica para aquello que no parecía científico. Siempre regresaba a la metodología científica, principalmente la metodología experimental. Le alborotaba la mente el encontrar un puente entre lo que había visto aparentemente sin explicación ninguna y lo que sabíamos de neurofisiología y psicofisiología", afirma.

El hobbit

"De lejos parecías un hobbit de Tolkien, bajito, regordete", le escribe Amira Valle. Poseía una bella voz de tenor. En la intimidad —me cuenta Estusha Grinberg— le gustaba cantar arias de ópera. Acumulaba frascos de vitaminas y las consumía seguido, y en las paredes colgaba collages de fotografías de sus viajes, en particular sus retratos con lamas o chamanes. Le gustaba la comida judía, pero en la cotidianidad lo recuerdan comiendo en el puesto de quesadillas de la Facultad de Psicología y disfrutando tacos de chile relleno.

Se movía en cochecitos sencillos: un vochito azul celeste y un Brasilia, que lo llevó con Estusha en un largo viaje hasta San Francisco, California. Se encerraba a escribir y a meditar en una cabaña en el fraccionamiento Los Robles, en Morelos, que había bautizado como *Safed* en honor a una ciudad de cabalistas en Israel. Ahí no había luz ni agua, solo paz y silencio.

Tenía carácter fuerte. Impulsivo, me dice Manuel Delaflor. "Gruñón, sangroncito, fascinante, un genio", añade Amira Valle. "Duro, exigente y perfeccionista", dice Leah Bella Attie. "No era una persona realizada, no tenía logros contemplativos ni regulación emocional", según Valle. "Jacobo era neurótico. Nos hizo llorar varias veces. La gente lo tenía idealizado: no estaba iluminado", remata Attie.

Ella cuenta que Grinberg dormía poco. "Decía que su cabeza era un radio. Un día no podía dormir, prendió su radio de onda corta y escuchó la noticia: empezaba la guerra del Golfo".

"Soy una especie de iluminado neurótico", se confesó Grinberg ante Attie. Hay una escena que quedó marcada en los recuerdos de Amira y Leah. Además de científica en ciernes, Leah era bailarina. Se preparaba para una presentación en el Festival Cervantino y tenía un ensayo aquella tarde. Se disculpó por retirarse antes de su hora de salida y se despidió de sus colegas. Grinberg montó en cólera. Golpeó la mesa con los puños y le puso un ultimátum: elige el laboratorio o la danza. Uno de los colaboradores lo llamó a la calma.

"Está bien, pero termina lo que estás haciendo en el laboratorio porque no me queda mucho tiempo", pidió Grinberg.

Su hija Estusha lo recuerda de una manera diametralmente distinta: un padre amorosísimo y muy consentidor, y un hombre sereno que nunca se estresaba. Amira Valle y Leah Bella Attie también lo rememoran haciendo expediciones al Espacio Escultórico para meditar en grupo o caminando entre las milpas y nopaleras de Morelos tras una sesión de yoga. A Grinberg le emocionaba el aprendizaje. Cuando aprendía algo nuevo parecía un niño feliz.

De niño le llamaban Jacky en la familia y lo hacía feliz ir de vacaciones a Acapulco. En ese entonces criaba tarántulas, desarmaba radios y televisores para aprender su funcionamiento y construía pequeños aviones. En esos años tuvo un sueño revelador: estaba adentro de una nave espacial y un ser extraño le ponía cables en la cabeza. Le enseñaba a leer libros con solo poner sus manos encima del volumen y le daba una predicción que se cumpliría décadas después: escribirás muchos libros.

El escritor

Nunca acudió a un taller literario ni manifestó, de niño o adolescente, deseo de convertirse en escritor. Sin embargo, un día —un día que recuerda bien Lizette Arditti—, se propuso escribir.

"Yo quiero escribir, y voy a hacer mucho dinero de escribir. Siento que puedo hacer suficiente dinero y entonces voy a poder dejar la facultad".

Por aquel entonces Estusha tenía apenas cuatro añitos de edad. "Su apasionamiento por escribir le dio de un día para otro", recuerda Arditti. Era 1972, posiblemente. Desde entonces y hasta 1994, el año de su desaparición, Jacobo Grinberg escribió más de 50 libros. Sus obras solían ser breves, pero su fiebre escritural no deja de ser un portento para un académico de tiempo completo, viajero incansable, que pasaba parte de su tiempo buscando financiamientos para la investigación o tomaba algún empleo ocasional para completar sus ingresos.

"En ocasiones podía escribir durante horas y sentirme fresco en lugar de cansado", recordaba el propio Grinberg en el libro dedicado a Pachita. Y sí: llenaba agendas con su letra pequeñita que luego pasaban a máquina sus asistentes de investigación. Escribía cuatro libros simultáneamente y se aventuró a diversos géneros. Libros de texto para estudiantes, tratados científicos; pero también cuentos y novelas de ciencia ficción, poemas y su volumen autobiográfico, una honesta revisión de sí mismo —a veces quizá demasiado severa— que recuerda a las *Confesiones* de San Agustín.

"Se sentaba durante horas, todo lo escribía en manuscrita y nunca corregía, o mínimamente", añade Arditti, testigo de su súbita conversión a escritor. Primero empezó con cuentos: "Sus cuentos son sueños de libertad —me dice—, de encontrarse a un sabio en una cueva que le diga de qué trata la vida y el cosmos. Y tuvo una evolución hasta novelas más complejas como *Los cristales de la galaxia*, completamente integrada a la teoría sintérgica".

De joven se bebió a los grandes autores de ciencia ficción. Todos, dice Arditti: Asimov, Clarke, K. Dick, Le Guin…

A veces dictaba sus textos en casetes que luego transcribían sus asistentes de investigación. Los martes eran sus días de escritura en el laboratorio. Además, se encerraba en su cabaña del fraccionamiento Los Robles, en Ahuatlán, Morelos, a poner sus ideas en negro sobre blanco. Entre sus discípulas corrió la idea de que podía escribir un libro en una sola noche.

Aprendió a jugar con las palabras, como lo fue con la creación del nombre de su teoría sintérgica. Con las metáforas puestas al servicio de la ciencia, la noche estrellada le hacía pensar en una red neuronal: las estrellas hacían sinapsis unas con otras. El cosmos como un gran cerebro pensando: pensándonos. Lo mismo imaginó del planeta: si la Tierra es un ser viviente —como estaba seguro que era—, ¿en dónde estaría su mente? ¿Dónde guardaría sus recuerdos? Alguna vez hizo esta pregunta frente a sus colegas del laboratorio y Amira Valle aventuró una respuesta: en el mar, ahí está la memoria de la Tierra. Grinberg asintió.

Los delfines

Jacobo Grinberg nadando con delfines. Esa es la última imagen que Amira Valle y Leah Bella Attie guardan de su maestro, en noviembre de 1994. Querían probar si era posible que los cerebros de los niños con autismo y los cerebros de los delfines experimentaran el potencial transferido. Habían conseguido gorritos con electrodos adaptables a los mamíferos marinos del parque acuático Atlantis, en el Bosque de Chapultepec. Como Attie estaba embarazada, se quedó en la orilla. Amira, Jacobo y Terita —su última esposa— se lanzaron al acuario con trajes de neopreno. Todo iba bien hasta que un delfín atacó a Terita y la obligó a salir de la alberca. La jornada de nado con delfines terminó con un regusto amargo.

Tres décadas después, estos sucesos se leen como una señal de mal augurio o, quizá, un asomo de advertencia interespecie. ¿Qué percibió aquel delfín de lo que ocurría con Grinberg?, se pregunta Attie.

"La conocí en una reunión, vestida al estilo iraní y con unos ojos rasgados que le daban una apariencia extraña. Más rara me pareció su conducta y su lenguaje", escribió el científico en su autobiografía. Poco antes de conocerla, Grinberg había visitado a un quiromanciano que había leído las líneas de su mano. Le dijo que "estaba a punto de conocer a [su] verdadera compañera... y que sería mi última oportunidad de formar una relación estable", como escribió Grinberg en *La batalla por el templo*. Grinberg decidió creerle y se casó con Teresa Mendoza, Terita, la mujer que ha sido señalada como sospechosa de colaborar en su desaparición.

En las vísperas del 12 de diciembre de 1994 —cumpleaños de Jacobo Grinberg— lo esperaban en casa de Luis Schettino —uno de "los cuatro sintérgicos"— para celebrar sus 48 años, pero nunca llegó. Su familia también le había preparado una comida que se quedó sin cumpleañero.

Las alertas tardaron algunas semanas en encenderse, porque Grinberg y Teresa tenían un viaje programado a Campeche y luego otro a la India. La policía de investigación descubriría después que ni siquiera habían comprado los vuelos. Nunca se volvió a saber de Jacobo Grinberg.

Hay distintos puntos de vista sobre los últimos meses del científico y en particular del papel de Terita. Sam Quiñones, periodista estadounidense que se interesó por el psicofisiólogo tres años después de su desaparición, afirma que 1994 había sido un buen año para el investigador. Los experimentos sobre potencial transferido eran prometedores; Grinberg los había llevado a un congreso internacional y había regresado *radiante*. Estaba feliz porque recibió noticias de que el libro *Pachita* sería traducido al inglés. En efecto, tenía problemas con Terita, pero se debían a que ella quería tener hijos y Jacobo no. Salvo eso, "Grinberg tenía todas las razones para estar con Terita".

Otros indicios apuntan a que Grinberg y Terita mantenían una pésima relación. A su hermano Jerry, Grinberg le había dicho que tenía miedo de su pareja y prefería dormir en una combi (testimonio dado al cineasta Ida Cuéllar). La desaparición sigue sin aclararse. El documental *El secreto del doctor Grinberg* (Ida Cuéllar, 2020) especula con la hipótesis de que la Agencia Central de Inteligencia de Estados Unidos (la CIA) secuestró a Grinberg —posiblemente— para usar sus descubrimientos con propósitos militares. La película de Cuéllar apunta a que Terita pudo haber colaborado en la desaparición.

A principios de diciembre de 1994 sonó el timbre del teléfono en el laboratorio. Ruth Cerezo, una de "los cuatro sintérgicos", tomó la llamada. Era Terita, quien le informaba escuetamente que ya no esperaran a Jacobo durante el resto del mes. Pero pasó el tiempo y, al no recibir señales de vida, la familia y los amigos de Jacobo acudieron a las autoridades. La Procuraduría General de Justicia del Distrito Federal asignó al comandante Clemente Padilla como responsable de la investigación. Padilla estableció que Grinberg había desaparecido contra su voluntad, pero nunca lo encontró y apuntó hacia Teresa como sospechosa. Hasta el día de hoy el caso sigue sin aclararse.

Los recuerdos de Valle y Attie pintan a un Jacobo Grinberg librando batallas. Una de ellas con Terita: Jacobo llegaba alterado al laboratorio "especialmente después de pelearse con Teresa, y perdía por completo el control, [estaba] en mucha turbulencia emocional", escribieron en el manuscrito inédito *Anécdotas de laboratorio.*

La desaparición de Grinberg dejó en la orfandad a varios de sus colaboradores. "Cuando él desaparece canibalizan el laboratorio: todo el mundo se pelea por las cosas porque teníamos lo mejor de lo mejor", dice Delaflor. Valle y Attie acusan que aquellos colegas que menospreciaban su trabajo se apropiaron de las computadoras y los sofisticados aparatos de su laboratorio, que quedó clausurado. A Estusha se le permitió sacar objetos personales de su papá, pero las investigaciones, los *papers*, los proyectos quedaron interrumpidos y abandonados.

Desde entonces, la familia de Jacobo Grinberg se ha encargado de resguardar y difundir su legado. Lizette Arditti, en su momento, fue la creadora de las portadas originales de los libros de quien fuera su primer esposo. Su hija, Estusha Grinberg, gestiona la página web oficial: jacobogrinberg.com. Ella es una de las representantes más importantes del género World Music en México, y musicalizó el libro de poemas *Cantos de ignorancia iluminada* de su padre. Su página web es estusha.com. Nicolás Mesnage, yerno de Jacobo, ha sido un promotor infatigable de los libros de Grinberg, al ser el primero en digitalizarlos y ponerlos de vuelta al alcance del gran público. Jacobo Grinberg tiene hoy dos nietas —a las que no conoció—, Ixchel y Leilani. Esta última es la autora del retrato que acompaña este texto. La Biblioteca Jacobo Grinberg que se publicará en Debolsillo forma parte de este esfuerzo por mantener el legado del científico mexicano.

En internet circulan fantásticas hipótesis: que lo secuestraron los ovnis, que se transformó en el Subcomandante

Marcos del EZLN o que llegó a un estado meditativo tan elevado que simplemente se evaporó. Una de las teorías compara a Jacobo Grinberg con Neo, el personaje de la película *The Matrix* (hermanas Wachowski, 1999). La *matrix* es un programa de realidad virtual en el que todos vivimos inmersos. Los robots han tomado el control del mundo y nos mantienen esclavizados, conectados a cables para extraer nuestra energía. Esos mismos cables nos conectan a *the matrix*, a la ilusión en la que creemos estar vivos, mientras somos expoliados. Jacobo Grinberg, como Neo, se ha liberado de esa matriz y es el primer hombre libre de la Tierra. Y así se propaga la leyenda, el mito del autor de culto, guía intelectual y espiritual.

Lizette Arditti anota otra hipótesis: en un país como México, con 120 mil desaparecidos, te matan —y acaso te desaparecen— por robarte el dinero de la billetera.

Juan José Sánchez Sosa dice lo que perdió la ciencia: "Lo que le haya pasado es una pérdida gigante para la psicología en particular. Iba en el camino correcto, acabaría no sé si con el Premio Nobel, pero sí con un premio importante. Hubiera encontrado los principios regulatorios de lo que vemos y decimos: 'No lo puedo creer'. Y describir cómo ocurrió: cómo es que lo vi y cómo se explica".

"¿Qué diría hoy si regresara?", se pregunta Lizette Arditti. Aventura una respuesta: aprovecharía los avances tecnológicos para probar sus teorías y prestaría poca atención a la mitificación de su personaje. Arditti lo compara con el Quijote. "Jacobo podría ser un Quijote. Porque el Quijote era un congruente total: vivía su cuento". Amira Valle le escribe con cariño y nostalgia: "Te mando un beso a la lattice, donde habitas por siempre". Amira Valle, Leah Bella Attie y Manuel Delaflor tienen además un proyecto: darles continuidad a las investigaciones de su maestro y reabrir un laboratorio para volver a ellas. Su hija Estusha Grinberg pide recordarlo no solo como un gran científico, sino, también, como un hombre que dio su vida por la búsqueda de libertad.

Retrato de Jacobo Grinberg-Zylberbaum hecho por su nieta Leilani Grinberg.

leilanigrinberg.com
IG: __leilani_grinberg__

PRIMERA PARTE

CUENTOS

EL PEZ Y EL AVE

Un pez dorado estaba asombrado por el vuelo de las aves. Le gustaba asomarse a la superficie del agua y ver cómo la golondrina se trasladaba por el espacio abierto al agitar sus alas. Le encantaba analizar sus movimientos y pensar que estos le permitían alcanzar grandes velocidades.

Entendía el mecanismo del vuelo… y deseaba volar.

Una golondrina estaba asombrada por el nado de los peces. Le gustaba volar por encima del estanque para ver cómo el pez dorado, al mover su cola, se trasladaba en el agua, transparente y fresca.

Le encantaba analizar la forma en que el pez se quedaba flotando: inmóvil y sin esfuerzo, y cómo en un santiamén cambiaba su posición.

Entendía el mecanismo del nado… y deseaba nadar.

Un día de sol, la golondrina le habló al pez:

—Si tú me enseñas a nadar, yo te enseñaré a volar. Y el pez le contestó con una sonrisa:

—Trato hecho.

A partir de ese momento se hicieron amigos.

El pez le explicó a la golondrina todos los secretos de la natación y la enseñó a doblar sus alas y moverse de tal forma que le permitiera penetrar en el agua y trasladarse en ella.

La golondrina, a su vez, enseñó al pez cómo adquirir suficiente impulso en un movimiento ascendente desde la profundidad del estanque. Le explicó que este impulso le haría salir del agua y que, una vez en el espacio, tendría que mover la cola y así podría volar.

El aprendizaje fue lento y riesgoso, pero llegó el momento en que todos los movimientos fueron aprendidos y se decidió a hacer la prueba final.

La golondrina, ansiosa, le dijo al pez:

—Estás preparado para volar, ahora debes intentarlo.

Y el pez, preocupado, replicó:

—Tú también lo estás, si así lo deseas puedes nadar.

Los dos se prepararon, respiraron hondo y después de un momento de vacilación, se atrevieron...

Alguien, a la orilla del estanque, tuvo una visión fantástica: vio volar a un pez dorado y nadar a una golondrina.

Cuando se volvieron a encontrar, los dos notaron que cada uno tenía un "brillo especial" en los ojos, era un reflejo profundo y sereno.

El pez miró a su compañera y le dijo:

—Cuando volaba hice un descubrimiento, sentí que te podía conocer como nunca antes me imaginé. Viví mi vuelo siendo tú y siendo yo.

La golondrina, sonrojada, le contestó:

—Yo sentí lo mismo.

El pez, frunciendo el entrecejo, miró una hoja que flotaba en el estanque, parecía querer decir algo muy difícil o penoso, la golondrina le demandó...

—¡Dilo de una vez!

—... también descubrí otra cosa... supe que mi nado no era diferente de tu vuelo, sentí que antes había nadado como un autómata y que me había olvidado de que nadar es también bello, además...

El pez no se atrevía a terminar, miraba en una dirección y después en la otra evitando enfrentarse con la vista de la golondrina, esta esperaba pensativa; por fin el pez prosiguió:

—... además, entendí la razón del olvido, solo veía tu vuelo y quería ser como tú, pensaba que lo mío no podía ser tan hermoso como lo tuyo... ahora sé que ambas cosas lo son.

La golondrina sonreía, se acercó al pez y abrazándolo le confió:

—Los dos hemos aprendido lo mismo, nada a partir de este momento será igual... mi vuelo será lo más maravilloso y tu nado también, tú estarás en mí y yo en ti, pero los dos seremos lo que somos y nada será mejor ni nos podrá enseñar más.

Cuentan que a partir de ese día algo extraño sucedía cerca del estanque... un pez dorado estaba aprendiendo a nadar y una golondrina a volar.

LA ABEJA Y SU PANAL

Una superficie plateada, móvil y llena de estrellas. Un vapor húmedo y caliente surgiendo de la frescura… un día de sol y un lago. Un volumen rojo con centro excitado, pistilos erectos, sensuales, expectantes de polen… una flor. Un sonido cambiante, armónico y puro; un canto de vida, viril y delicado, intenso e ingenuo… un ruiseñor.

Un panal… oscuro, frío, matemático, ordenado.

La abeja X38 en su interior, lamiendo las celdas, cuidando de su limpieza, obsesiva, metódica en sus movimientos, determinada y estructurada… encarcelada.

"Un sol, un lago, una flor y un ruiseñor… afuera. El orden, la rigidez, la estructura y el acuerdo… adentro".

Cierto día, algo pasó en el panal, un pan de cera se desprendió de su amarre y al caer agrietó una de las paredes.

La abeja X38/, angustiada y llena de pánico, corrió al lugar de la catástrofe. Estaba entrando luz por la grieta, un hililllo deslumbrante y cálido, y además aire fresco con vapor de montaña. La abeja X38 no lo podía soportar: —"¡Nada existe fuera del panal! —esas eran las enseñanzas—, ¡nadie es fuera de la geometría y la estructura perfecta de las celdas!", tal era la orden.

La X38 arregló la grieta, colocó la cera en el lugar que le correspondía y se fue a descansar.

No quería recordar… un hililo de oro, cálido, y un olor de frescura de montaña… pero la visión volvía y volvía y un pensamiento muy débil y tímido empezó a ser escuchado:

"Hay cosas que no conoces, no todo es la estructura… existe algo afuera".

A la mañana siguiente, la abeja X38 se acercó al lugar del accidente, tocaba con sus antenas el arreglo hecho la víspera, tratando de encontrar algún punto que no hubiera quedado hermético, no halló errores. Un pensamiento vino:

"Muy bien, te felicitarán por el arreglo, puedes sentirte orgullosa".

La abeja se sentía desconcertada: antes, el pensamiento le hubiera dado una máxima seguridad, pero ahora no podía sentirse completamente feliz; dijo para sí:

—Esta sensación es absurda, una abeja no debe pensar, solo debe hacer bien su trabajo.

Ya más tranquila, se fue a limpiar, ordenar y construir celdas, las abejas a su lado hacían lo mismo, luego todo estaba bien, fijo y seguro.

Tres días después un sonido traspasó las paredes herméticas del panal, era un canto armonioso y dulce, las obreras se miraron… era necesario engrosar las paredes para que ningún sonido les hiciera interrumpir su trabajo. La abeja X38 sintió un intenso deseo de seguir escuchando, pero, puesto que todas sus compañeras opinaban que era importante engrosar las paredes, fue a ayudarlas. Extraño sentimiento; la X38 no engrosaba las paredes como sus compañeras, se veía a sí misma haciéndolo:

"Una abeja no puede pensar en sí misma y menos aún verse a sí misma".

Algo extraño estaba pasando; había luz y calor y olor y canto.

La mañana siguiente se inició la búsqueda, la abeja X38 había desaparecido. No hubiera habido problema alguno si la desaparición hubiera sido resultado de un accidente. Si la X38 hubiese sido muerta o raptada, nadie se preocuparía; pero la desaparición no había sido accidental.

¡La X38 había sido sorprendida saliendo por sus propias alas del panal!

Jamás se había visto tal afrenta y tal traición. Era necesario encontrarla para que se convenciera de que el panal era lo único que existía, que todo lo demás era una fantasía y un peligro.

La abeja X38 estaba admirando el lago, jamás habíase sentido tan feliz, sintió la frescura del agua, olió la delicia de la flor y cantó con el ruiseñor. No hubo tiempo para más...

A 4.3 AÑOS LUZ DE ALFA CENTAURI

A 4.3 años luz de Alfa Centauri, en la intersección de las líneas Grif y Son-Tawori de desdoblamiento magnético nuclear, se realiza la vigesimosexta conferencia de los pueblos del universo WZ-38H.

Existe gran expectación por oír a Yun, delegado de la constelación Di-ipsi-son.

Yun ha desarrollado un sistema de detección que permite localizar sistemas antientrópicos de alta integración, y además averiguar su estructura interna.

Yun es egresado del famoso Instituto de Investigaciones Antientrópicas de Andrómeda y como tal, siempre ha pensado que 20 mil millones es el mínimo número de elementos necesarios para lograr un mecanismo con pandeterminismo. Durante dos eones, Yun ha estado recabando información que le permita comprobar esta idea y ahora, en la vigésimo sexta conferencia, se ha anunciado que presentará los informes definitivos al respecto.

Sil, presidente de la conferencia, toma la "palabra":

"Estimados delegados de los pueblos de nuestro universo, nos hemos reunido una vez más a fin de conocer el resultado de las investigaciones acerca de la evolución de los sistemas antientrópicos. Desde el descubrimiento del gran Gardielli, nos hemos reunido eonalmente durante 26 eones a fin de determinar cuáles son las características de esos sistemas.

"Hemos llegado a la conclusión de que los sistemas antientrópicos evolucionan a partir del momento en que una estructura se vuelve lo bastante compleja como para avanzar desde un determinismo absoluto a un autodeterminismo y de allí a un estado que hemos denominado pandeterminismo, donde el sistema no solo es capaz de fijar sus leyes sino también de cambiar las relaciones entrópicas del universo circundante. El estado de pandeterminismo ocurre cuando un sistema es capaz de representarse el universo, siendo esta representación lo suficientemente exacta y segura como para ser más real que lo que la rodea.

"Las investigaciones realizadas hasta la fecha han indicado que existe un paso abrupto entre el auto y el pandeterminismo, y que un sistema pertenece a una u otra categoría.

"El día de hoy, Yun nos presentará datos que señalan la existencia de un estado intermedio que posee características muy especiales; pero será mejor que nos lo explique el propio Yun...".

Las esferas energetizadas cambiaron de tonalidad, lo cual significaba que un estado de expectación había sido provocado por las palabras del presidente.

Yun ordenó sus pensamientos y empezó a transmitirlos. Cada uno de los delegados comenzó a seguir las experiencias de Yun como si fueran propias. Primero les hizo ver el mecanismo del detector de antientropías, luego todos los pasos de su desarrollo y los problemas de su construcción. Fue como si hubieran vivido lo mismo que vivió Yun; todos admiraban la técnica de presentación que utilizaba. Si bien era cierto que como sistemas pandeterminados todos podían transmitir experiencias, la perfección en el dominio de esta técnica era inigualable en Yun.

Según explicó Yun, el detector de antientropía se basaba en el principio de la holografía trasmolecular y estaba acoplado a un cañón mesónico de detección que barría una porción del espacio y localizaba cualquier punto que mostrara una organización molecular autoestable.

La mayoría de las detecciones revelaba sistemas menores a los 5 mil millones de elementos y estos quedaban catalogados como antientrópicos de clase I, o sea, sin autodeterminismo. En el barrido N' 256 000 se había localizado un sistema de 12 mil millones de elementos, caso único que permitiría probar la hipótesis de que 20 mil millones era el límite inferior del pandeterminismo. A partir de ese descubrimiento, Yun dedicó toda su atención a establecer las características de tan singular sistema.

Lo primero que observó fue que el sistema se mantenía activado por una compleja infraestructura energetizadora que lo oxigenaba y alimentaba. Después se dio cuenta de que el sistema y su infraestructura permanecían activos durante un tiempo ridículo que correspondía a entre 80 y 100 orbitales del planeta que los sostenía. El sistema solo se podía comunicar a través de alteraciones en la presión de la atmósfera que lo envolvía y solo se podía trasladar de un punto a otro activando ciertas prolongaciones de su infraestructura. Tanto las alteraciones en la presión atmosférica como la activación de las prolongaciones se regían por una serie de reglas establecidas por una comunidad de sistemas.

Definitivamente no había señales de pandeterminismo y apenas algún signo de autodeterminismo, sin embargo, en ocasiones el sistema actuaba como si poseyera ambos. Esto intrigaba sobremanera a Yun, no podía entender a qué se debían las fluctuaciones que estaba detectando.

Decidió hacer un estudio profundo del sistema en diferentes etapas de su desarrollo. Para ello localizó primero un sistema de 1/4 de orbital de vida y recorrió todas sus experiencias. Yun resumió los datos obtenidos de la siguiente forma:

"Las primeras etapas de desarrollo de este sistema se caracterizan por un continuo crecimiento de circuitos que establecen conexiones entre los elementos que lo constituyen. Los circuitos y sus conexiones alcanzan un grado autoestable entre el primero y el tercer orbital de vida. Las particularidades de los circuitos permiten una representación interna del universo inmediato y aun un germen de pandeterminismo, sin embargo, este no se desarrolla. Las razones de esta falta de desarrollo resultan del énfasis que estos sistemas otorgan al mantenimiento de un determinismo social".

En ese punto Yun percibió un dejo de duda entre los delegados, decidió transmitir una escena detectada recientemente, que ejemplificaba y daba valor a la conclusión anterior.

Apareció entonces una visión fantástica y nunca antes vista:

Un lugar encerrado por bloques rectangulares, y en el centro una especie de cajón rodeado de barrotes. Dentro del cajón había una forma alargada con cinco prolongaciones; cuatro de ellas terminaban en cinco tentáculos y la otra tenía forma esférica. En la esfera se hallaban incrustadas dos formas ovales lateralizadas y tres cavidades frontales, además una excrecencia central en cuya porción inferior se notaban dos pequeños orificios.

Lo más extraño de todo es que en la porción superior de la esfera sobresalía un número extraordinariamente grande de delgados tentáculos que cambiaban de lugar cuando aquella forma rosada, elástica y caliente cambiaba de posición.

La iluminación de aquel lugar era tenue, y la forma se movía continuamente. En determinado instante la cavidad frontal inferior empezó a contraerse y, como resultado de este movimiento, empezaron a notarse complejos cambios en la posición de las moléculas que la rodeaban…

Eva, la madre del niño, oyó que su hijo hablaba en sueños, decidió levantarse de la cama para ir a ver qué sucedía; José, su marido, empezó a disgustarse por los ruidos que hacía la mujer, pero esta le hizo callar con un rápido y demandante movimiento de brazos. Eran las tres de la mañana y afuera lloviznaba. Eva se cubrió con un chal y se acercó a la cuna en donde estaba su hijo. Este, completamente despierto, le contó a su madre:

—Mami, el oso era muy grande y volaba en el aire, estaba buscando a su hijito que se había perdido en el bosque y de repente apareció un águila que se lo quería comer…

Mientras el niño hablaba, Eva pensaba preocupada:

"Todas las noches sucede lo mismo, por más que le he explicado que esas cosas que ve son solo sueños y por lo mismo no tienen realidad, él no entiende, tengo que hacer algo drástico, de otra manera jamás podremos dormir a gusto".

Eva encendió la luz y buscó un libro de estampas, lo abrió en la imagen de un oso y la mostró a su hijo:

—Mira, esto es un oso, pero no es un oso de verdad, es solo un oso pintado, no existe, es solo un dibujo. El oso que viste tampoco es real, es como este dibujo, solo existe en tu cabecita cuando sueñas, no es como los osos del zoológico, ellos sí son reales, los otros solo te los imaginas.

El niño miraba a su madre con los ojos muy abiertos y, con una expresión de asombro, repetía:

—Los osos del cuaderno y los osos de la noche no son verdaderos; solo los osos del zoológico son reales.

La madre continuó:

—Tu papá y yo necesitamos dormir bien porque trabajamos mucho durante el día y tú, con tus cosas, no nos dejas descansar. Si vuelves a despertarte en la noche imaginándote tonterías lo único que vas a lograr es que nos enojemos y te dejemos de querer.

Diciendo esto, Eva salió del cuarto.

Juanito no podía entender, estaba seguro de que el oso que había visto era tan verdadero como el del zoológico, pero... si su madre decía que no lo era, y si además lo iban a dejar de querer...

"Los osos del cuaderno y los osos de la noche no son de verdad, solo los osos del zoológico son reales".

Yun desconectó la imagen, se sentía inquieto y empezó a transmitir:

"Cuando detectamos por primera vez esta experiencia creíamos que había alguna falla técnica, no eran posibles tanta ceguera y tal egoísmo. Un sistema de 12 mil millones de elementos debería ser más inteligente y por lo menos reconocer el camino de su evolución, impulsándolo y nunca inhibiéndolo... era absurdo e inconcebible, pero no era ninguna falla técnica, el detector se revisó una docena de veces y todo funcionaba a la perfección. La única conclusión posible es que el sistema estudiado poseía la capacidad de representación interna y por tanto estaba muy cerca del pandeterminismo, sin embargo, esta capacidad no era alentada sino, por el contrario, inhibida". Y transmitió esta conclusión:

"Los efectos de esta inhibición son múltiples; los sistemas en desarrollo, sometidos a tratamientos similares comienzan a perder su capacidad de representarse el universo y además, pierden su autodeterminismo al dejar de confiar en la existencia de una realidad interna y tener que someterse al juicio de realidad dado por el otro sistema". Yun conectó nuevamente el transmisor de experiencias:

De nuevo, un espacio rodeado de bloques rectangulares, aunque mayor que el de la visión anterior.

Multitud de formas se hallaban cubriendo la base del espacio y parecían estar dobladas por su mitad y apoyadas sobre ciertas estructuras delgadas de forma oval.

Enfrente de ellas una forma mayor contraía su cavidad frontal inferior:

"Estimados colegas, la sociedad psiquiátrica internacional se honra con su presencia. El día de hoy serán presentados dos casos dignos de atención. El primero: un niño de seis años con síntomas claros de esquizofrenia...".

Juanito se retorcía en su cama, en la mañana había ido a su escuela y durante la clase de actividades estéticas había empezado el terrible dolor de cabeza y las náuseas...

Juanito miró a sus compañeros y después al maestro, a quien dijo casi llorando:

—No puedo imaginármelo, no es real.

El maestro, enfadado, repitió por enésima vez:

—Lo único que quiero que hagas es que te imagines un oso volando y que después lo pintes en el pizarrón.

—No puedo, no puedo, no puedo...

El maestro sentía que estaba a punto de explotar; como nunca había visto tal terquedad, decidió que esta se corregiría con un castigo.

—Lo que sucede es que no quieres, eres un niño mal educado y estúpido; como castigo, quiero que escribas cien veces lo siguiente:

"Los niños deben portarse bien, deben obedecer a sus mayores pues ellos saben lo que está bien y lo que está mal...".

Yun desconectó la imagen. Era la máxima incongruencia y todos así lo sentían. No podían entender cómo un sistema de doce mil millones de elementos podía caer en tales contradicciones.

Sil empezó a transmitir una pregunta:

"¿Cuál es el segundo caso?".

Yun miró a los ojos de Sil, los dos habían recibido la noche anterior el tratamiento electroconvulsivo de costumbre: como siempre, solo había quedado esa sensación de opresión y las terribles ganas de llorar.

Trataron de hablar, pero no pudieron, era algo oscuro, impreciso, vacío... se miraron...

A 4.3 años luz de Alfa Centauri, dos psiquiatras charlaban en un café:

—¿Sabes?, me siento muy orgulloso, el nuevo método de terapia electroconvulsiva está dando muy buenos resultados.

—Sí, ya lo he notado, tus pacientes parecen estar más tranquilos.

—Si todo sigue bien, dentro de poco tiempo podrán volver a ser productivos...

MAESE AUGUSTUS

A las ocho de la noche, maese Augustus salió de la reunión. Su porte era majestuoso, llevaba las manos entrelazadas por la espalda y caminaba pensativo. Se decía que siempre que Augustus lograba un éxito adoptaba esa misma postura. Se dirigió a la sala de columnas y tras acomodarse los anteojos salió al jardín. La noche era fresca y olía a duraznos, Augustus hizo una larga y profunda inspiración y comenzó a tararear el último movimiento de la cuarta sinfonía de Mahler. Pocas veces se había sentido mejor que en esa reunión del Consejo. Ante la misma presencia del presidente, había desarrollado el análisis más profundo de que se tuviera memoria de un evento ocurrido en la última guerra mundial.

Todo había comenzado con aquella conversación que sostuvo hacía seis meses con el exoficial inglés, durante un vuelo de Nueva York a Hamburgo. Había planeado revisar en el avión la conferencia que tenía preparada para la Junta de Rectores de Universidades que se celebraría al siguiente día. No pensaba hablar con nadie, pero junto a él se hallaba sentada la persona con los rasgos fisonómicos más interesantes que jamás hubiera visto. Inmediatamente empezó la conversación. Augustus le explicó que era rector de una de las más grandes universidades del mundo; su vecino de asiento platicaba acerca de sus experiencias como exoficial inglés durante la Segunda Guerra Mundial...

"Nos encontrábamos a 40 kilómetros del campo de concentración, nuestro superior nos había informado que los rusos estaban acercándose al mismo para ocuparlo, y que nosotros debíamos adelantarnos.

"La razón de la prisa era dramática. En el campo quedaban vivos una docena de niños y una veintena de mujeres. Las cuidadoras de los prisioneros habían recibido la orden de matarlos al día siguiente; la única forma de salvarlos era llegar esa misma noche, para ocupar por sorpresa las instalaciones.

"El regimiento se puso en marcha y a las cinco de la mañana divisamos el campo, era un conjunto de barracas rodeadas de una cerca doble y un grupo de torres rectangulares terminadas en casetas con reflectores. La madrugada era brumosa y fría y el pensamiento de lo que podía estar sucediendo dentro de las barracas nos hacía sentir en un mundo irreal. El plan de ataque era excelente y permitiría ocupar por sorpresa las instalaciones.

"A las seis de la mañana estábamos adentro, lo único que encontramos fueron cadáveres y tres cuidadoras escondidas en un sótano. Dos de ellas eran robustas y su edad podía haber sido 30 o 32 años, la tercera era una muchacha rubia, esbelta y no mayor de 28 años. El cuerpo de psiquiatras que nos acompañaba decidió entrevistarlas.

"La reunión se realizó en la barraca del que era jefe del campo, había una mesa larga y seis bancos, tres de ellos los ocuparon los psiquiatras y los restantes las tres mujeres.

"El doctor Ray les preguntó: 'Quisiéramos saber la razón por la que ustedes, madres de familia con hijos, asesinaron a unos niños indefensos y a mujeres que no les habían hecho ningún daño'.

"Ninguna contestó, parecían no haber escuchado. La pregunta se repitió en alemán una docena de veces con el mismo resultado, una expresión de asombro y un silencio. Simplemente no entendían lo que se les preguntaba".

Maese Augustus le contó de la conversación a su superior y este, a su vez, al presidente del consejo... era necesario hacer un análisis del porqué; saber cómo el hombre había llegado a tales extremos y, sobre todo, explicar qué es lo que hacía a las cuidadoras no entender la pregunta.

A maese Augustus se le asignó la tarea de hacer el análisis, que debería presentarse en la próxima reunión del consejo directivo, a realizarse en cuatro meses...

"Queridos hermanos, estimadísimo presidente: estas son las conclusiones a que he llegado después de profunda meditación.

"El tiempo que se me fijó para realizar esta monumental tarea fue demasiado corto, por lo que el análisis adolece todavía de algunos puntos oscuros, sin embargo, hay otros que tienen suficiente claridad como para ser presentados aquí:

"La familia alemana típica de la preguerra se caracterizaba por su autoritarismo, el padre decidía todo, desde la hora de la comida hasta el partido político cuya ideología debían aceptar hijos y esposa.

"La estructura que sostenía las relaciones entre los miembros de la familia se basaba en la idea de que cada uno tenía un rol al que debía ajustarse.

"Así, el padre era quien debía ordenar todos los asuntos importantes, la esposa debía acatar las decisiones del marido, y los hijos, continuar la tradición familiar. Cualquier manifestación que se apartara de lo esperado de acuerdo con el rol de cada uno era castigada con el desprecio y la animosidad. En cambio, la exageración del rol era premiada en todas las formas posibles. Si la estructura decía que las hijas debían ser sumisas, dulces y obedientes y alguna de ellas era más sumisa, más dulce y más obediente de lo normal, su conducta era considerada como la más digna, aceptable y adecuada.

"Dentro de muchas familias se presentaban claras señales de competencia por ajustarse en forma más ortodoxa a los roles asignados; esto se veía más frecuentemente entre las hijas y los hijos. La competencia era por lograr mayor aceptación por parte de aquel miembro de la familia que representaba la autoridad, es decir, el padre. Este deseo de ser aceptado por la autoridad se puede explicar de la siguiente forma: '... vivir desempeñando un rol significa solo un autoengaño, la persona se convierte en el rol y deja de ser ella misma. Puesto que el ser uno mismo es una necesidad y el rol es solo la apariencia de ser uno mismo, se crea el acuerdo de que alguien mantenga y valide el rol a cambio de la sumisión'.

"En algunas ocasiones un miembro de la familia podía intentar dejar de depender de la estructura y por tanto salirse de su papel. En ese caso los demás miembros consideraban que se había apartado del camino, y por lo tanto trataban de volver a introducirlo a la estructura. La persona así manejada podía caer en la máxima de las inseguridades puesto que comenzaba a pensar que estaba haciendo algo muy malo, pero al mismo tiempo sentir que regresar a la estructura significaba ser muy infeliz.

"Pensaba que todos deseaban su retorno puesto que demostraban una gran preocupación que en apariencia era auténtica, pero no era más que un chantaje emocional dirigido a darle más realidad a la estructura que alguien estaba poniendo en duda.

"El resultado de todo esto es que aquellos que salían de la estructura regresaban a ella impulsados por un sentimiento de culpabilidad que no podían superar.

"Exactamente la misma situación se aplicaba al padre, aunque a un nivel más general. Este se veía presionado a aceptar la estructura, porque así es como lo exigía la sociedad que lo rodeaba y además consideraba que era lo único adecuado y seguro.

"Puesto que nadie de la familia vivía una verdadera realidad interna, todos se convertían en autómatas salvaguardas de la estructura que se les había impuesto.

"Las relaciones intra e interfamiliares se regían por una serie de acuerdos tácitos que se caracterizaban por dar y recibir la seguridad de que se estaba siendo auténtico. Jamás se ponían en duda esos acuerdos, por la sencilla razón de que no sabían que existieran.

"Las tres cuidadoras del campo de concentración provenían de familias como las descritas. Cada una de ellas vivió, en su infancia y adolescencia, un rol asignado e impuesto y todos los acuerdos emergidos del mismo.

"Ellas aceptaban ciegamente la estructura de sumisión porque estaban convencidas de que esta y los roles que se les atribuían eran lo único que las llevaría a ser ellas mismas.

"Por supuesto que toda la situación descrita tenía como fundamento una profunda inseguridad interna y la no menos profunda seguridad de que aquello que todos quienes las rodeaban consideraban cierto, lo era realmente.

"La realidad de las cosas es que en esa situación nadie era él mismo, solamente creían ser aquello que los demás definían como deseable y por tanto nadie ponía en duda la validez de lo así definido.

"La subida de Hitler al poder y todo el liderazgo asociado con él fue un acontecimiento lógico y predecible. Hitler dio a la estructura de autoridad un carácter místico y grandioso.

"Las personas que solo sabían vivir roles se vieron a sí mismas haciendo lo más valioso a lo que un ser humano pueda aspirar. Hitler les daba seguridad en su profunda inseguridad y esto hizo que el liderazgo naciente adquiriera una fuerza descomunal.

"La base de esta aparente seguridad fue el acuerdo compartido por todos acerca de su superioridad sobre todas las demás 'razas'...".

Una mañana fresca de abril, la atmósfera es limpia y transparente, el Rin corre plácido entre los campos y el sonido de sus cascadas y corrientes se oye en todo el campamento de la juventud. En medio del valle se levanta una serie de casas de campaña que rodean en semicírculo a una asta bandera. La tela con la esvástica está en lo alto y el viento que viene del sur la hace moverse. Karina, la mayor de las tres amigas, se despierta y estira los brazos, la tienda de campaña está iluminada por una luz ambarina, y el aire fresco de las montañas y el sonido del Rin penetran a través de la lona de las paredes y del techo.

Es una bella mañana; quedan diez minutos antes de que toque la corneta que señala la hora de levantarse para empezar el entrenamiento diario.

Las dos amigas de Karina siguen durmiendo en sus catres. Helia es muy bella, todos admiran su tipo rubio y esbelto, y en ocasiones es mostrada por los supervisores como ejemplo de lo que pudiera ser la raza aria del futuro; Yusia, en cambio, tiene un tipo muy desagradable; morena, regordeta y de ojos oscuros; los compañeros de entrenamiento a veces han llegado a decir que se parece a las judías. Esto molesta sobremanera a Karina, está de acuerdo con que Yusia no es muy aria, pero decir que parece judía... ¡es el colmo!

Precisamente ayer se peleó con Hans por ese motivo, la verdad es que no creía poder ser tan agresiva cuando alguien la hacía enojar, pero Hans se lo merecía.

Era muy bonito levantarse antes del toque de corneta y ponerse a pensar lo que habían aprendido el día anterior... ayer en la mañana el supervisor las había llevado a una cueva y allí había hecho el amor con las tres; eso, decía, demostraba la capacidad y la fuerza de un miembro de las Juventudes Hitlerianas; en verdad había sido una gran experiencia. Lo más grandioso había sido ese grito de *Heil Hitler!* en el momento del orgasmo común.

A mediodía habían ido a admirar la belleza de la cañada y, como siempre, habían tenido que descuartizar con sus propias manos el conejo que habían cazado vivo y les serviría de alimento. Poder hacerlo, decía el supervisor, es una experiencia mística de fuerza y entereza. Daba un poco de lástima ver aquel conejo retorciéndose por el dolor, pero constituía una gran alegría poder superar los inútiles sentimientos de compasión que despertaba aquel animal inferior.

Después de la comida habían recibido su clase de las tardes. Ayer se revisó la historia alemana posterior a la

Primera Guerra Mundial. No era posible entender la injusticia del Tratado de Versalles más que conociendo que en su redacción había participado un perro judío... cómo los odiaba, ellos eran la causa de todos los males que sufría la madre patria, y todo por su maldito deseo de dinero y poder; eran inferiores a aquel conejo que habían descuartizado.

En la noche se habían reunido alrededor del fuego y habían cantado... era muy emocionante sentirse constructores del futuro imperio, jamás en la vida de ninguna nación, una juventud había tenido más suerte... Era muy bello haber nacido en la misma época que Adolfo; Karina volteó para ver si alguien había oído ese pensamiento, se sintió avergonzada de llamarlo por su nombre de pila, pero es que... lo amaba tanto...

Faltaban dos minutos para el toque de corneta; Karina miró su reloj y de repente se empezó a sentir angustiada... "dentro de una semana se hará la prueba de selección y todos desean ocupar los primeros puestos. El máximo honor es ser seleccionado para ir a los campos...".

El dormitorio que les habían asignado no era del todo desagradable, las camas eran mullidas y la comida buena.

Las tres amigas estaban ansiosas por comenzar a trabajar, todo era como se lo habían imaginado, excepto aquel asqueroso olor, en verdad era para enojarse... ni siquiera en aquellas circunstancias los perros judíos podían dejar de vengarse y de hacer porquerías.

En la noche, después de recibir instrucciones, fueron al comedor común, era delicioso escuchar las historias que contaban los cuidadores veteranos; uno de ellos acaparaba en esos momentos la atención de todos:

"... es absolutamente increíble el nivel de degradación al que pueden llegar estos infrahumanos, hasta un puerco cuida de su prole, pero ellos son capaces de asesinar a sus hijos. La historia es verídica, se los juro, encontraron en un sótano de Varsovia a una judía, ahorcando con sus propias manos a su bebé...".

Karina se sintió muy bien, era realmente necesario acabar con todos ellos, de no hacerlo, no se llegaría a construir la sociedad ideal que tanto anhelaban...

El humo de los incendios cubría toda la ciudad, dentro de las murallas todo era ruinas, el grupo de soldados buscaba, los perros olfateaban y olfateaban... el sótano estaba repleto, todos oían los pasos de los soldados y el jadeo de los perros, nadie se atrevía a respirar. Malka sostenía a su bebé rogando al cielo que no empezara a llorar, lo abrazaba tratando de consolar su hambre; los dos ojos muy abiertos miraban a su madre.

"Habían pasado ya dos horas, la tensión era insoportable, los cuerpos sudorosos trataban de satisfacer su sed de oxígeno con ese aire enrarecido, el bebé empezó a gemir, todos miraron a Malka con ojos de espanto, esta abrazaba a su hijo y lo acariciaba en silencio, el niño iba a llorar, en dos segundos iba a empezar a llorar, Malka lo sabía, debía quererlo más, consolarlo más; colocó la carita contra su pecho y lo abrazó desesperadamente: el niño se calmó, ya no iba a llorar... nunca más...".

Maese Augustus hizo una pausa, no podía continuar, miró a sus hermanos y con voz emocionada dijo:

"Debemos evitar que algo semejante vuelva a ocurrir, el hecho de saber que el ser humano tiene un mecanismo que bloquea una realidad cuando esta se opone a una estructura basada en acuerdos hará que por lo menos ninguno de nosotros se engañe...".

El edificio de la rectoría era el orgullo de la ciudad, sus 25 pisos y el escudo gigantesco que colgaba de su torre panorámica fueron lo primero que vio Augustus al bajar del avión; como siempre, Angelicus, su chofer, lo esperaba junto a la limusina. Augustus lo saludó y se sentó en el asiento posterior.

Angelicus admiraba mucho a maese Augustus, todos sabían que la Universidad era su obra y que seguiría en ella hasta el momento de morirse... Augustus se sentía muy satisfecho consigo mismo, le había costado 40 años de su vida hacer que la Universidad fuera considerada una de las mejores del mundo, nadie mejor que él sabía los sacrificios que eso había implicado y ahora era el momento en que podía descansar, sin embargo, todavía quedaba pendiente la construcción del seminario de estudios humanos; era una empresa grandiosa, tanto como la suma necesaria para construirlo. Augustus había visitado todas las fundaciones del país, pero ninguna estaba lo suficientemente interesada para financiar las obras, alguna solución tendría que encontrar...

Pilar, la secretaria privada de Augustus, le pasó la llamada telefónica, era el ministro de Asuntos Internos de la nación:

—Estimado Augustus, nos hemos enterado de su interés en crear un seminario de estudios humanos y estamos dispuestos a colaborar en su realización...

Augustus no podía creer lo que escuchaba, siempre había considerado al ministro como alguien desinteresado en la Universidad y he aquí que era él quien resolvería su problema. Se dio cuenta de que el ministro no había terminado de hablar:

—... lo único que pedimos a cambio es una declaración suya, apoyando las medidas políticas que nuestro gobierno ha puesto en marcha para salvaguardar la tranquilidad del país.

Augustus sabía que tendría que contestar en ese mismo instante... tendría su seminario a cambio de una declaración pública... las medidas políticas para tranquilizar al país no eran después de todo tan malas, es verdad que restringían algunas libertades menores... pero eso solo era temporal y no causaría ningún daño... su seminario... declaración política... su seminario... la Universidad... su obra...

—¡Estoy de acuerdo, señor ministro!

Augustus no había perdido la costumbre de dar clases. Todos los miércoles a las nueve de la mañana el auditorio central de la universidad se destinaba a esa cátedra.

En el auditorio no había suficiente espacio para todos los estudiantes que se interesaban por escuchar a Augustus. Augustus se acomodó sus anteojos y comenzó la disertación:

"El día de hoy hablaré sobre los efectos nefastos que resultan del establecimiento de acuerdos y de la dificultad del ser humano para darse cuenta de la existencia de ellos...".

Augustus no se sentía bien, algo en su interior se quebró: maese Augustus empezó a ser espectador de maese Augustus.

SEGUNDA PARTE

COMENTARIOS

PRIMERO: DE LA PERCEPCIÓN

La percepción es un proceso interno. Un objeto es percibido cuando activa nuestras estructuras cerebrales, de ahí que es esa activación central lo que da lugar a nuestra experiencia acerca del objeto.

Las características físicas de los estímulos son menos importantes que la forma como estos activan nuestro sistema nervioso, esto explica por qué un mismo estímulo puede percibirse en formas muy diferentes. Algunos ejemplos serán suficientes para explicarlo:

Si un sujeto es sometido a hipnosis, y en ese estado se le sugiere que la brasa de un cigarrillo encendido va a ser puesta en contacto con su piel, el sujeto sentirá dolor y percibirá que lo han quemado a pesar de que el objeto en contacto haya sido un lápiz o un gis. El gis o el lápiz fueron transformados por el cerebro del sujeto en un cigarrillo encendido y esto fue lo que percibió, independientemente de las características físicas de aquellos.

Si a un sujeto se le presenta una figura ambigua y antes de estimularlo con ella se le advierte que le será mostrado un pájaro, es muy probable que en su cerebro la figura ambigua se transforme en un pájaro y como tal sea percibida.

De nuevo, lo anterior indica que el proceso perceptual es constructivo e interno y no reconstructivo y externo.

De hecho, no es necesario acudir a procesos de hipnosis o utilizar figuras ambiguas para demostrar lo anterior, cualquier objeto que se nos presente no existe para nosotros sino en tanto que sea capaz de activar nuestro cerebro.

Esta activación cambia, dependiendo del tipo y número de situaciones asociadas con el objeto, por lo que la percepción de un objeto es inseparable de las memorias asociadas con él.

Cuando identificamos algo, es porque ese algo ha activado un almacén de memorias; la actividad cerebral que resulta de las características físicas del objeto siempre se combina con la actividad cerebral asociada con el almacén de memoria que el objeto ha activado.

Si la percepción es el resultado de una activación interna, entonces nada existe realmente en el exterior.

Si vemos un árbol es porque se ha construido en nuestro cerebro, si soñamos con él, es que también se ha formado allí, si lo alucinamos es por lo mismo. Si lo único real es la activación interna, entonces la percepción como el sueño y la alucinación son reales.

La única diferencia entre ellas es que suponemos que el árbol físico puede ser compartido y en cambio el sueño y la alucinación no. Compartir el árbol físico implica suponer que este da lugar al mismo tipo de activación cerebral en muchos observadores, como si tal activación fuera una reconstrucción lineal del árbol.

La verdad es muy distinta, el árbol puede ser percibido en forma diferente por distintos observadores, dependiendo del tipo de experiencias con que cada uno de ellos lo asocie; por tanto, suponer que se está compartiendo es erróneo. Lo único que se comparte es la suposición de que se comparte.

Lo más trágico es que como resultado de lo anterior se desarrolla un mecanismo evaluador de realidades. Dicho mecanismo considera real toda vivencia que se pueda compartir con los demás y, así, invalida una serie de experiencias internas, basándose en que no se pueden compartir. Lo paradójico es que este mecanismo no se da cuenta de que la experiencia resultante de la percepción de un objeto físico tampoco se puede compartir.

Lo único que resulta de toda esta farsa es un estado de confusión en que se piensa que lo válido y real es lo que se manifiesta y que esa manifestación da lugar y resulta de una experiencia interna compartible. De allí el énfasis en la manifestación conductual de un proceso, por estimar que es lo único real, y el desprecio hacia los procesos internos por considerarlos irreales e inválidos.

Esta estructura de énfasis y desprecio explica por qué interactuar con una persona implica casi siempre un manejo de apariencias y acuerdos, y rara vez un intercambio de experiencias internas.

Muchas de nuestras costumbres son reflejo directo de lo anterior; seguimos una moda para vestirnos, habitamos casas cuyo tamaño y lujo son desproporcionados, utilizamos expresiones rimbombantes, nos adjudicamos roles y papeles, establecemos acuerdos jurídicos y comerciales, nos interesa tener dinero y poder, buscamos la aprobación de los otros, etcétera.

Solamente en el momento en que nos demos cuenta de que todo es interno es cuando empezamos a ser.

Cuando esto suceda, tendremos la absoluta certeza de que el compartir una idea, pensamiento o sentimiento no confiere a los mismos mayor realidad o validez, sino que estos son válidos y reales por sí mismos. Además, entenderemos que la estructura según la cual una experiencia interna solo tiene valor y realidad cuando se comparte, resulta de una transferencia postiza de la otra estructura que asienta que un evento físico es real a condición de que muchos observadores estén de acuerdo con ello.

SEGUNDO: DE LOS JUEGOS

Jugar es utilizar al otro para obtener una satisfacción personal, es decir, usarlo como objeto.

La motivación que impulsa a alguien a jugar es el deseo de obtener la aprobación por parte de la persona a quien dirige el juego. Este uso del otro para obtener aprobación solo es posible cuando las conductas o ideas asociadas con el juego son una farsa. La persona que necesita aprobación para sus actos juega a que estos son reales, sin darse cuenta de que el hecho de que requieran aprobación solo significa que no lo son.

La persistencia de los juegos se explica si tenemos en cuenta que son una defensa que se utiliza para impedir que el otro penetre en el interior de quien juega. El miedo que tenemos de que el otro se entere que somos inseguros e infelices nos hace jugar a ser seguros y felices. Pensamos que poner una barrera impenetrable a la internación del otro resuelve el problema, siendo que solamente lo agudiza. Tenemos tanto temor a manifestar lo que realmente somos, que jugamos a manifestar exactamente lo contrario de lo que somos. Pensamos que mostrar nuestra realidad solo nos llevará a ser rechazados.

Pero lo más dramático es que consideramos que manifestar lo contrario de lo que somos va a hacernos cambiar. Si tan solo pudiéramos aceptarnos a nosotros mismos, todos los juegos desaparecerían; podríamos establecer relaciones basadas en amor y no en uso. El no poder hacerlo está determinado por nuestra idea de que los únicos que juegan somos nosotros. Si preguntáramos a los demás sabríamos que ellos también juegan y que, al igual que nosotros, desean dejar de hacerlo.

Aceptamos los juegos de los otros para que ellos a su vez acepten los nuestros; pero esto no conduce más que a la infelicidad y a la farsa.

Lo único que verdaderamente puede llevarnos a ser felices es aquello que nos acerca a nuestro interior, es decir, el Ser. La única forma de averiguarlo es no aceptar nuestros juegos ni los ajenos, obligándonos a dejar de jugarlos. En el momento en que empecemos a hacerlo nos daremos cuenta de todo lo que no habíamos aprendido cuando jugábamos, y de lo maravilloso que ahora —sin juegos— es el mundo.

TERCERO: DE LA REALIDAD Y DE LOS JUEGOS

En nuestra "escala de valores" lo más importante es la manifestación exterior de cualquier evento. Consideramos que lo "real" es lo que sucede en el exterior. El movimiento de una flor es real en tanto provoque algún cambio en otra flor, en el aire que la rodea o en el lugar en donde cae.

Alguien es real en tanto emita sonidos que puedan ser detectados, se mueva o nos golpee. El otro es real en tanto que tenga alguna conducta que lo relacione conmigo. Aun yo mismo soy real solo si logro provocar un cambio en el otro.

El universo es real en tanto sea un conjunto fuera de mí mismo. Nuestros sueños no son reales puesto que no se asocian directamente a eventos que provoquen cambios en los otros.

Eso es lo que nos han enseñado, es algo en lo que todos están de acuerdo y, por tanto, no se puede discutir.

La verdad de las cosas es muy distinta, y generalmente no la podemos ver por su extremada simpleza.

Cuando veo a una flor moverse, tanto el movimiento como la flor se construyen dentro de mí.

La flor es para mí en tanto yo la perciba.

El universo existe en tanto yo lo pueda comprender; el decir que existe fuera de mí a pesar de que no lo entienda solo sirve para un juego.

Me puedo comunicar realmente con alguien solo cuando ese alguien está en mi interior y es igual a mí, en ese momento no es necesario que ese alguien emita sonidos: puesto que está dentro de mí, lo puedo conocer.

"La flor que vi ayer me hizo sentir su sexo; era un centro brillante, lleno de estrellas, y de él surgían pistilos erectos, expectantes de polen". Esa transmisión y ese sentimiento solo pudieron haberse dado si la flor estaba previamente en mí. Yo construí la flor y yo la sentí y eso es lo real aunque no provoque movimiento o no golpee.

Cuando empezamos a darnos cuenta de que en nosotros está todo, somos capaces de modificar, construir y alterar.

La ventana, la puerta y las estrellas solo son concebibles y conocibles cuando activan nuestro cerebro, por tanto, lo único real es esa activación puesto que su ausencia lleva a la nada.

Todo el universo está dentro de mí; de ahí que depende de mi construcción y es efecto mío.

Nos podemos comunicar con alguien solamente cuando ambos estamos dentro uno, del otro, por ello, cuando se cumple esa condición, dejan de ser necesarias las palabras. Somos los creadores de la creación y, por esto, ninguna pregunta que hagamos será inválida.

Sentí el sexo de la flor. Supe que la flor estaba dentro de mí, puesto que solo de esa manera me pudo transmitir su sexo.

Entendí que todo el universo está en mí mismo y es por ello que puedo hacer lo que yo desee en él, puedo volar y ser una estrella.

Me di cuenta de que podía comunicarme sin palabras y aunque esto me asombró, entendí que era simple puesto que si todo, incluyendo al otro, está en mí mismo, no hay nada más fácil que comunicarme con él.

Supe que lo que veo y lo que siento es cuando soy yo mismo.

Entendí que podía hacer y contestar cualquier pregunta, siendo que así no dañaba sino, por el contrario, edificaba.

Supe que soy más valioso que cualquier juego a que soy libre.

Entendí que no podía ya volver atrás; que aunque difícil, esto es lo único válido y real.

Comprendí que si logro ser completamente yo y absolutamente libre de mis juegos, entenderé todo el universo y transmitiré todo el universo.

Lo que aprendí ayer es que dentro de mí hay más de lo que nunca me imaginé.

Para que alguien empiece a ser él mismo, es necesario que viva diferentes etapas:

Primero debe entender que hay juegos. Después, saber que los juega porque le han enseñado que son valiosos.

Debe conocer que ese valor está dado y surge de la inseguridad del otro, su necesidad de establecer un acuerdo con nosotros para darle realidad compartida a un compromiso; que esa necesidad de compartir nace a su vez de la idea de que la realidad está fuera de nosotros.

Más adelante, debe destruir toda la historia de acuerdos y estructuras compartidas.

Y sobre todas las cosas, debe sentir que es más valioso que cualquier juego, porque en él está todo el universo.

Si lo logramos, seremos, y si somos podremos ver y aprender, seremos responsables de nuestras decisiones, no jugaremos y todos los miedos y angustias desaparecerán.

CUARTO: DEL DECIDIDOR DE REALIDADES

Poseemos un mecanismo pontificio y decididor de realidades.

De antemano y sin ninguna duda decidimos que un sueño no es real, pero que sí lo es la visión de un puente en un día brumoso.

La decisión de que algo sea real no depende de la claridad con que aparezca su imagen —los eventos durante el sueño pueden poseer más nitidez que la visión del puente—, tampoco depende del tiempo de ocurrencia ni del lugar geográfico.

Lo más extraño es que tampoco depende de la presencia o ausencia del objeto. El puente puede haber desaparecido y no obstante decidimos que sigue siendo real; una ilusión óptica puede estar presente y, sin embargo, decidimos que es irreal. Esto debería llevarnos a la conclusión de que lo real y lo irreal solo existen como construcción y que la verdadera realidad está en nuestro interior; no obstante, no lo estimamos así.

¿Qué es, pues, lo que hace emitir al mecanismo pontificio un juicio de realidad? Sin lugar a duda es el otro introyectado en uno mismo. Ya un niño se despierte en la noche llorando por un ensueño desagradable, ya se despierte riendo por un ensueño maravilloso, siempre el otro le dice: esto que te ocurrió no es real, lo único real es lo que yo considero que es real. Así, el niño empieza a dudar y acaba por admitirlo. En algunas sociedades tribales eso no sucede, el mecanismo pontificio no se crea con la fuerza que tiene entre nosotros. Esto explica quizá la facultad de imaginación y de memoria eidética que ellos tienen y que nosotros hemos perdido.

Para ellos lo real es lo interno, para nosotros lo externo, nosotros cuestionamos sus realidades y ellos cuestionan las nuestras. La convicción es de ambos y por tanto no es la determinante de la realidad, pero sí prescribe las decisiones del mecanismo pontificio.

Cuando tenemos la convicción de que la realidad es aquello que el otro comparte, es el otro quien determina las decisiones del mecanismo pontificio.

Es el otro el único que nos hace decidir acerca de si un sueño es o no realidad; nunca somos nosotros, si así fuera, consideraríamos al sueño tan real como la visión del puente.

Lo extraordinariamente incongruente es que tanto la visión del puente como el ensueño solo ocurren en nosotros, sin embargo, una es compartida y el otro no, y eso es lo que nos hace en última instancia decidir. Es la máxima de las dependencias, el máximo olvido de uno mismo.

De aquí surgen los juegos y las construcciones. Dependemos de lo que el otro considera adecuado, cuando lo que determina lo "adecuado" es el acuerdo con el otro.

La construcción es necesaria cuando el mecanismo pontificio decide que la base y única realidad es la que se comparte, que la razón de ser de la realidad es el acuerdo.

Es clara la necesidad que tenemos de establecer acuerdos puesto que el otro, al compartir una consideración, la hace "tan real" como el puente. Lo que sucede en nuestro interior no es real en tanto el otro no lo apruebe y lo comparta, esto quiere decir que en nuestro interior puede o no ser real, aún más, puede en momentos ser real y al momento siguiente —dependiendo si el otro se ha arrepentido de compartir—, dejar de serlo.

El mecanismo pontificio no es más que un hipócrita y sin embargo dependemos de sus decisiones.

Si pudiéramos vernos a nosotros mismos en ausencia de acuerdos, todo sería realmente cambio; con acuerdos todo es real y al mismo tiempo irreal, es una farsa y un juego.

Si cuando menos pudiéramos respetarnos, acabaríamos con los engaños, dejaríamos de necesitar juegos e imposiciones, podríamos vivir libres, seguros de que somos responsables de la realidad y los causantes de ella.

Nos daríamos cuenta de que el hacer depender nuestra realidad de la del otro y que al mismo tiempo la realidad del otro dependa de la nuestra, no representa más que una farsa. De ahí que las construcciones no son reales, son solo un sustituto de la capacidad olvidada de confiar en nosotros mismos.

En otras palabras, puesto que la realidad interna no existe sino solamente cuando se comparte, sustituimos en un acto acrobático la contradicción que representaría aceptar algo interno como real al transformarlo en algo externo y compartido que ya no se puede cuestionar como irreal.

No nos damos cuenta de que al mismo tiempo que desechamos lo interno por irreal tenemos la absoluta necesidad de vivir en él y como no nos atrevemos a aceptarlo por sí, necesitamos compartirlo para que se vuelva real y por tanto aceptable.

Somos ingenuos y al mismo tiempo ingeniosos, el conflicto que representaría decidir aceptar la realidad de nuestro interior lo confiamos y transferimos, en un acto de suprema audacia e hipocresía, a la decisión del otro, y el otro hace lo mismo con nosotros.

Solo de esa manera nos sentimos confiados de no haber caído en una contradicción, siendo que en realidad así es y en la forma más consumada.

Puesto que ha desaparecido el conflicto y hemos desechado la contradicción y la incongruencia, nos sentimos aptos para juzgar cuándo alguien está fuera o dentro de la realidad, cuándo alguien está o no enfermo; siendo que lo que juzgamos es la necesidad de aquel que consideramos enfermo, de compartir su realidad interna. La verdad de las cosas es que los enfermos somos nosotros.

El que categorizamos como enfermo acepta "su realidad". "Nuestra realidad" la aceptamos y la rechazamos a la vez. La aceptamos porque necesitamos que el otro la acepte, la rechazamos exactamente por la misma razón.

Nos da miedo decidir por nosotros mismos y acercarnos a nosotros porque nos creemos incapaces de prescindir del otro. Pero al mismo tiempo no podemos dejar de tener una realidad interna. La solución que encontramos es, simultáneamente, aceptarnos y rechazarnos.

Lo que nos hace llegar a tan absurdo compromiso es la falta de respeto que tenemos para con nosotros mismos. Pero esto hay que entenderlo, esa falta de respeto fue impuesta por alguien que tampoco se respetaba, por alguien que necesitó compartir con nosotros su inseguridad. A veces nos olvidamos de ello y empezamos a dudar de las cosas que son obvias y de nosotros mismos; pensamos que no somos nada, que no valemos, que necesitamos acuerdos, que estos son aceptables y valiosos, que nuestra realidad no existe más que cuando el otro la acepta: olvidamos que aun olvidándonos somos los creadores del olvido.

QUINTO: DE LA REALIDAD FÍSICA

Si acaso existe una realidad física externa a nosotros, no tiene la menor importancia en tanto no aprendamos algo de ella. Nos pueden presentar un objeto cualquiera y si lo observamos solamente sin que provoque algún cambio en nosotros, el objeto en sí y la relación con él, no pasan de ser una nulidad y, por tanto, no existen en realidad. Considerar que existen en su estado de nulidad no significa más que conformarnos con una situación de acuerdo y dejar de respetarnos a nosotros mismos. Toda nuestra vida hemos estado rodeados de millones de estímulos visuales, auditivos, olfatorios, táctiles, etcétera, cada uno de los cuales podría representar una enseñanza extraordinaria acerca del universo todo; sin embargo, en nuestra ceguera y torpeza nos contentamos con ser estimulados pasivamente sin aprender, sin darnos cuenta de la maravilla que nos rodea. El estímulo puede o no ser físico, eso no importa, lo fundamental es la forma como ese estímulo sea construido en nosotros mismos.

SEXTO: DE LAS ESTRUCTURAS Y DE LOS ACUERDOS

Alguien en algún momento de la vida de una persona tuvo la necesidad de establecer un acuerdo con ella.

Si logra su objetivo, esta deja de ser.

La aceptación del acuerdo impuesto hace que se pierda, a partir de ese momento, la capacidad de darse cuenta de que se puede modificar la realidad.

El acuerdo implica el intercambio de aparentes seguridades que no son otra cosa más que inseguridades. Cuando alguien está inseguro necesita establecer por cualquier medio un acuerdo que fortalezca y le dé realidad a su estructura.

La estructura y los acuerdos emanados de ella se vuelven tan poderosos y fuertes que uno empieza a depender de ellos. A partir de ese momento lo único que interesa es salvaguardar la estructura, sin pensar que esto implica sacrificar el Ser.

Cuando a un niño se le pone en contacto con alguien que tiene necesidad de imponer estructuras y cree conocer el camino, el niño naturalmente se resiste. A través de un continuo chantaje emocional —yo te quiero en tanto tú aceptes mi estructura— el niño cae en la trampa.

Empieza a tener la sensación de que lo único que importa y es digno de tomarse en serio es la estructura. Sus pensamientos, deseos, decisiones y sentimientos no tienen importancia. Solo importa defender la estructura; no porque esta tenga un valor en sí sino porque, de otra forma, el niño es rechazado y nadie lo acepta —solo si estoy de acuerdo contigo me quieres, por tanto solo así valgo; de otra manera no soy nada—.

Empieza a ser necesario estar en contacto con alguien que aparenta ser —puesto que mantiene y defiende la estructura—, para sentir valor. Poco a poco se pierde todo sentido de seguridad, lo único que se hace es depender de aquellos que detentan estructuras. Si el proceso se completa —lo que casi siempre sucede— el niño pierde toda posibilidad de sentir: cree que solo importa manifestar las conductas asociadas con el sentir —puesto que yo valgo en tanto tú me aceptas y me quieres, tengo que manifestar abiertamente lo que tú esperas de mí, no importa que lo sienta o no lo sienta, solo importa que tú estés seguro de que soy parte de tu estructura y, por tanto, mi conducta debe manifestar lo que yo creo que tú quieres que manifieste—.

En ese momento se empieza a perder toda posibilidad de comunicación. Todos empiezan a estar de acuerdo; aunque lo único que sucede realmente es que todos juegan a estar de acuerdo. Puesto que nadie se interesa en cuestionar las estructuras, todo se vuelve redundante. Además de perder la posibilidad de comunicación se pierde la capacidad de aprender, esto es, las estructuras tienen un límite más allá del cual se vuelven circulares, todo debe incluirse en el círculo y por tanto nada enseña, ni nada nuevo ocurre. Hay una gran atracción hacia las personas que deciden porque se cree que son las únicas que valen, ya que otorgan valor; todos los demás están en un estado de conclusión, de meta sin remedio y no tienen valor.

En esta circunstancia no es posible ver absolutamente nada, todo lo que rodea al sujeto debe ser incluido en la estructura, si por su naturaleza no es posible incluirlo, entonces se descarta.

Los juegos que se juegan no son otra cosa sino el deseo de hacer sentir al otro que se es capaz de ser. No importa si realmente se es o no, lo único que interesa es convencer al otro.

Los otros siempre son más importantes y valiosos que el Ser, puesto que ellos deciden cuándo se está siendo, ese "estar siendo" significa ser parte de la estructura.

Al mismo tiempo la persona se convierte en lo más importante puesto que siempre está segura de que los demás solo la observan y están pendientes de ella, cuando en realidad lo único que le interesa al otro es salvaguardar su propia estructura. Se ha completado el proceso de internalizar al otro y ya no importa lo que el otro está o no pensando, únicamente existe la sensación de que ese otro (en uno mismo), está observando, juzgando y valorando.

Las estructuras son múltiples y casi siempre muy sutiles para ser reconocidas fácilmente: conceptos como tiempo, realidad, importancia, felicidad, independencia, libertad... pueden convertirse en estructuras; prácticamente en ese estado de dependencia todo es estructura puesto que esta no existe en realidad y externamente, sino que se ha construido artificialmente en uno mismo. Uno es el que en último término le da realidad a una estructura, al depender de ella.

Cuando la estructura es lo bastante sutil, resulta sumamente difícil no solo salir de ella sino, sobre todo, darse cuenta de que existe. Esto se debe a la incapacidad de verse a uno mismo desde fuera de la estructura.

Por otro lado, vivir dentro de una estructura da la sensación de seguridad y bienestar. Puesto que el otro está en uno mismo, no se está inseguro en tanto se haga, se piense y se sienta lo que se cree que el otro desea de uno. (Me siento bien puesto que el otro en mí mismo no puede reprocharme nada).

El problema es que si siempre se ha vivido dentro, no se sabe ni se tiene la menor idea de aquello que se propugna como ideal.

Se habla de felicidad aunque en realidad no se le conozca, y no se le conoce por la sencilla razón de que se piensa que uno no es valioso.

Se habla de bienestar, libertad, independencia, seguridad, etcétera, aunque en realidad no se tenga idea de lo que significan, solo se conoce o se cree conocer cuáles son las conductas que en el otro (y en uno mismo), se identifican como manifestación de lo anterior, lo que interesa y lo único que se conoce es la manifestación motora o verbal. Se sabe que esto es suficiente puesto que la manifestación es lo único que el otro puede percibir. Como se depende de la percepción de la conducta manifiesta, no preocupa otra cosa.

Todo es irreal puesto que todo es juego; se juega a ser feliz, se juega a ser independiente, se juega a ser libre aunque no se tiene la menor idea de lo que todo eso significa.

Se buscan significados y se buscan caminos sin darse cuenta de que estos jamás se encuentran si se tiene la idea preconcebida de cómo debieran ser; no se es capaz de buscar fuera de la estructura, es decir, en uno mismo. Se desea que alguien guie puesto que eso es lo único que se ha aprendido.

Pero, extrañamente, se sigue siendo. La prueba de ello es que hay depresión y búsqueda.

Se acostumbra a culpar al exterior de los problemas propios porque no se puede concebir que todo resulta de una realidad que desesperadamente se trata de conservar.

Cuando hay una sensación de malestar se explica encontrando a alguien o algo que ha hecho daño. Cuando la sensación es de bienestar, se agradece a alguien o algo de fuera por el regalo.

No se confía y ni siquiera se piensa que cuando se siente malestar, cuando algo deprime, es solo un aviso que dice: ¡caíste de nuevo en la estructura!

Se está seguro de que nunca se puede estar seguro, se sabe que no se puede saber. Se cree que el sentirse completamente feliz es una utopía; y, por tanto, lo es.

Se asegura que existe una realidad externa y se olvida que la realidad solo existe en uno mismo. El mundo depende de nosotros y no nosotros de él, por la sencilla razón de que somos los que lo construimos.

Se piensa que el conocimiento son datos y se olvida que el único conocimiento es el que surge de uno mismo y que nadie tiene la culpa y nadie puede cambiar realmente más que uno mismo.

Se vive en un pasado continuo sin darse cuenta de que el vivirlo solo es ahora y hoy. El pasado existe solamente en el momento presente en que se le recuerda, por tanto, no tiene existencia propia y separada, solo es cuando se piensa en él y esto solo ocurre ahora. Se piensa que existe tiempo y se olvida que no es más que una invención. Se considera que lo más importante es desarrollar una actividad y se olvida que la actividad no importa, que lo que importa es la forma como se desempeñe.

Se está seguro de que existe un camino que llevará a una meta, cuando en realidad no hay camino ni meta, solo hay un ser y este no necesita prepararse: está aquí en este momento.

Se piensa que habrá de venir un cambio y que el tiempo futuro resolverá los problemas, o lo contrario: se asegura que el pasado fue mejor, cuando en realidad la solución está siempre presente en uno y en este momento preciso. Y, sobre todo, se tiene un miedo terrible a cambiar las cosas porque se piensa que no quedará nada, cuando en realidad del otro lado está el Ser.

La sensación de temor a quedarse vacío es lo que muchas veces hace perpetuar la estructura. El temor es tan intenso que se desea que los demás compartan ideas, acuerdos y estructuras puesto que solo así se tendrá algo.

¿Es posible el cambio? Definitivamente sí; todo depende de crear las condiciones para, por lo menos durante un instante, vivir una realidad diferente.

Si alguien tiene la gran suerte de vivir por lo menos durante un momento una realidad diferente y si ese alguien tiene la capacidad de recordar ese instante, entonces tiene ya la mitad del camino andado.

Jamás, a partir de ese momento, se contentará con estar dentro de la estructura puesto que ya sabe —lo ha recordado— que existe algo fuera de ella. Tiene un punto de referencia.

En ese momento todo comienza a cambiar. Se empieza a detectar cosas que siempre se asocian con un estado molesto. Se comienza a confiar en que cuando existe malestar es porque hay un alejamiento del instante de ser. Principia entonces una lucha; todo lo que aleja de aquello que se ha sentido se pone en duda, todo lo que acerca se fortalece.

Se empieza a entender que muchos conceptos eran solo teóricos, que realmente no se sentía, no se aprendía ni se vivía. Y nada a partir de ese instante se deja pasar.

Toda sensación de dependencia se pone en duda, las cosas que afectan, deprimen y provocan dolor dejan de aceptarse como un mal necesario, se empieza a preguntar y a luchar.

Puesto que ha habido un contacto con el Ser, ya nada puede seguir igual.

Se sabe con certeza que hay algo en uno mismo más importante y valioso que cualquier estructura externa.

Las cosas y los eventos que antes eran reforzantes empiezan a dejar de serlo, cada vez se necesita menos del exterior y al mismo tiempo este se vuelve más agradable. Poco a poco se deja de culpar, de compadecer y compadecernos.

Al mismo tiempo se comprenden los juegos de los demás e interesa que se dejan de jugar, puesto que así como se ha averiguado que uno es más valioso que los juegos que acostumbra jugar, de la misma manera se sabe que los demás son más valiosos que los juegos que tratan de imponer.

No se acusa ni se tiene la sensación de ser atacado o desilusionado, solo interesa ser y que los otros sean ellos mismos también.

Puesto que empieza un reconocimiento interno y se comienza a reconocer a los otros tan sanos, buenos y valiosos como uno mismo, la sensación o el temor de no estar de acuerdo empieza a desaparecer.

La estructura y los acuerdos que antes se defendían y manifestaban en las interrelaciones —esto es, en los juegos— dejan de impulsar, se sabe que solo eran una defensa o una máscara y que ya no es necesario emplearlos para que exista aprobación, puesto que dejan de interesar esa aprobación y la demostración de que se es capaz y valioso.

Antes se creía ser muy importante, se sabía que los otros solo pensaban en uno mismo —por eso se jugaba—; ahora se reconoce que no se es tan importante y, al mismo tiempo, se empieza a sentir admiración por uno mismo.

Es decir: se es parte del universo y eso es algo que enseña, se admira uno de ello y se empieza a entender que los otros forman también parte del universo; por eso se les empieza a querer y a admirar.

Antes se amaba a los otros y a uno mismo solo cuando se daba y se recibía aprobación, ahora se sabe que nadie es realmente cuando forma parte del acuerdo sino más bien cuando es él mismo.

Se comienza a tener la sensación de que se es causa y no solo efecto. Dejan de satisfacer los juegos, solo se acepta ser.

Al comienzo del cambio suelen suceder cosas extrañas, a veces se siente que alrededor existe una especie de magia; que se es capaz de percibir cosas y de hacer y sentir cosas que antes solo existían como teoría. Se empieza a entender que la realidad depende del Ser.

Se sabe que el cambio existe y que este no depende del cambio en el exterior o en los otros, sino solamente en uno mismo.

Se comienza a desechar el pasado y la historia personal, se entiende que el pasado solo existe cuando se le considera como lo más importante.

Se descubre que las edades que se han vivido están en el ahora y que todo confluye en el presente.

Se comienza a poder ver el universo y se descubre no solo que es maravilloso, sino que significa enseñanza; cualquier evento es significativo e importante.

Los demás comienzan a cambiar; ya no se ven como reflejos y representantes de una estructura interna. Se empiezan a ver como entes separados y al mismo tiempo iguales a uno mismo.

Se establece la comunicación puesto que ya no se lleva la pesada carga de la estructura.

Los otros son como uno, ninguno de ellos es culpable ni merece compasión; se entiende y se ve puesto que se deja de entender y de ver todo como simple reflejo de la estructura.

Además, se goza, se está tranquilo, ya no se desea a los otros como propiedad ni se acepta ser propiedad de nadie.

Por sobre todas las cosas se sabe que existe el Ser en cada uno de los que nos rodean y se comienza a amar.

Se es como los otros, no tanto como sometidos a una estructura sino más bien como poseedores de un ser que no tiene necesidad de apoyo, estructura ni acuerdo.

Deja de importar lo "importante"; se sabe que eso es una invención propia y que por tanto depende de uno mismo.

Se empieza a ver a todos como dioses, sin limitaciones, sin dependencias, sin necesidades.

Comienzan a ocurrir cosas maravillosas, se principia a descubrir:

Yo descubrí que el tiempo no existe.

Yo entendí que todo es nuevo.

A la mitad del camino me di cuenta de que el pasado está en los otros.

Viví que todas las edades y todos los tiempos están presentes en cualquier acto o pensamiento.

Me di cuenta de que amar a alguien es verlo volar, dejarlo ser sin poseerlo, sin hacerlo o hacerme dependiente.

Supe que soy bueno, porque los demás me enseñan.

Sé que lo más valioso es aprender de uno mismo, que allí está la fuente del conocimiento; pues soy parte y soy todo el universo.

SÉPTIMO: DE LAS APARIENCIAS

Nos gusta que el otro nos admire y nos valide, pensamos que eso es normal y que no tiene problema, no somos capaces de entender que esa sensación de placer está basada en la idea de que lo real es lo que se manifiesta, que lo valioso depende de la aceptación del otro. No entendemos que esa sensación surge del sentimiento de que nosotros no somos nada, que lo único que importa es lo que uno cree que el otro considera valioso y, puesto que el otro solo ve la manifestación externa, nos tenemos que adecuar a ella.

Nos olvidamos de que la realidad está en nosotros, que depende de nosotros y que no surge ni proviene de la aceptación de nuestras manifestaciones.

No advertimos que ese placer que sentimos al vernos admirados por los otros es solo otro juego que jugamos y que, además, nos impide ser.

Confiamos más en el criterio del otro que en el propio, y lo peor es que generalmente ese criterio no es sino lo que nosotros, en nuestra estructura, deseamos que sea.

Podemos llegar a un punto tal en nuestra ceguera y en nuestra idea de que el yo del otro es lo que el otro hace, que dejamos de ver al otro como es y solo vemos en él su historia.

Si alguna vez cometió un atentado en contra de nuestra estructura, el otro será, a partir de ese momento, un "atentado en contra de nuestra estructura", jamás será otra cosa; si en alguna ocasión incurrió en algún error será, a partir de ese momento, "un error". Puesto que todos dependemos de la forma como el otro en uno mismo nos percibe, lo dicho anteriormente también se aplica a nosotros mismos.

Podemos creer que somos un error o un atentado, o cualquier otra cosa, puesto que es así como el otro en uno mismo nos percibe.

En esa forma nos consideramos y convertimos en una apariencia, y lo más grave es que esa apariencia que creemos ser resulta en un conjunto de conductas y pensamientos adecuados a esa apariencia. Creemos ser lo que alguna vez alguien vio en nuestra historia y, por tanto, eso empezamos a ser.

Ese tipo de creencias es sumamente difícil de descubrir en uno mismo; vivimos tan imbuidos en ellas que otra cosa no existe para nosotros. Cuando algo o alguien nos lo hace ver ni siquiera lo rechazamos, simplemente no lo entendemos.

OCTAVO: DEL CEDER Y DEL EVALUAR

Alguien puede empezar a salirse de la estructura y de sus acuerdos, puede darse cuenta de cuáles son estos, averiguar de dónde provienen y empezar a desecharlos; sin embargo, eso no basta para que llegue al ser, es necesario que en el camino no ceda ante nada; cuando alguien cede, cae. No es necesario decir que la mayoría de las veces resulta muy fácil ceder; pensamos que no tendrá ningún efecto, que desaparecerá y se olvidará, que es algo secundario y ya no hará daño, que hay cosas más importantes que ceder ante alguna nimiedad.

Esto es falso, solo deriva de la idea de que somos lo que actuamos y manifestamos. No nos damos cuenta de que ceder implica establecer un acuerdo y que este permanece y se empieza a generalizar acabando con todo el resto.

El camino al Ser no es fácil cuando no se es, el pensamiento de que es fácil resulta de considerar que las cosas ante las cuales cedemos no tienen importancia, de no ser responsables de nuestras decisiones y sobre todo de la creencia de que al hacerlo no nos veremos afectados.

Además, durante el abandono de la estructura existe el peligro de caer en la última dependencia: necesitar que el otro determine nuestra independencia, es decir, depender de la visión que tiene el otro acerca de nuestra propia independencia.

Esta es la dependencia más sutil, la más difícil de ver y, por tanto, de corregir, sin embargo, no es en nada diferente al vivir dentro de una estructura puesto que constituye, en sí, una nueva estructura. En este caso y por sobre todas las cosas nos empieza a interesar salirnos de la estructura y los acuerdos que hemos establecido; tal interés llega a ser tan extremo que todo lo que hacemos al tratar de salir es únicamente tratar de salir, y eso impide ser.

Los pensamientos y actos que desarrollamos empiezan a ser evaluados y nos convertimos en espectadores de ellos; eso impide que los vivamos y los sintamos.

Ser espectador de uno mismo es una verdadera calamidad: empezamos a pensar que somos cuando en realidad solo evaluamos lo que hacemos.

Posiblemente la evaluación ya no dependa tanto de los otros (si es posible hablar de la evaluación sin tomarlos en cuenta) sino de nosotros mismos. Y esto, a final de cuentas, resulta lo mismo.

Ser implica sustraerse de toda evaluación sin preocuparse por ello; cuando renace esa preocupación volvemos a caer en una estructura que consiste en defenderse y negar toda estructura. En otras palabras, solo somos cuando dejamos de pensar que somos, solo somos cuando logramos sustraernos de la preocupación por ser y para lograrlo no hay receta ni camino; cuando creamos que los hay, automáticamente caeremos en una nueva estructura, nos veremos a nosotros mismos siendo, y eso acaba con toda posibilidad de ser, puesto que es en sí una contradicción.

NOVENO: DE LAS METAS

Estamos tan acostumbrados a pensar que la realidad es la manifestación abierta y conductual, y al mismo tiempo a considerar que nuestros pensamientos y deseos solo existen como subordinados a esa realidad externa que, en ocasiones, nos parece la cosa más sencilla separar ambas.

Así, podemos tener un deseo en un momento determinado, si por alguna razón este no queda enmarcado en la estructura que defendemos, entonces inhibimos su realización. Pensamos que no vale y no existe en tanto no se manifieste.

Actuamos como si lo que deseamos no existiera, negamos en nuestra conducta este interior porque estamos convencidos de que es inadecuado y no nos damos cuenta de que simplemente jugamos.

En nuestras verbalizaciones alcanzamos niveles teóricos que, de acuerdo con nuestra estructura, son la meta y el ideal; aun cuando lo que sintamos no corresponda a esta, en momentos parecería que lo que entendemos por meta e ideal resulta simplemente de negar aquello que sentimos, por considerarlo inadecuado.

La verdad es que simplemente estamos jugando a estar fuera de la estructura y nunca hemos estado más adentro de ella que en esos momentos en que nos negamos a nosotros mismos.

Empezamos a depender de la idea de independencia y a ella adecuamos nuestros actos y pensamientos; nos convertimos en espectadores de ella y de nosotros mismos.

Solamente en raras ocasiones nos damos cuenta de ese sutil juego, nos angustia lo lejano que parece estar el real cambio. En esas ocasiones vemos la contradicción y decidimos dejar de vivir en ella, sin embargo, eso no es suficiente, simplemente hemos caído en otra estructura; la de las decisiones y la "fuerza de voluntad". Decidimos que a partir de ese momento no habrá separación; que haremos lo que sintamos sin preguntar si es o no adecuado, y creemos que con esa decisión resolveremos la incongruencia.

Pero la verdad es que esta permanece, nos obliga y nos determina. Es preciso volver a probar, reconocer que la realidad está dentro de nosotros y, para dar lugar al cambio, ese conocimiento debe ser real; el otro no nos va a trasmitir la certeza, solo nosotros mismos lo podremos saber, no deberíamos preguntar ni esperar que el otro nos lo hiciera saber y, sin embargo, nuestra manera de probar y nuestra forma de conocer —en esa etapa— siempre son a través del otro, siempre el otro. Llegamos así a un punto muerto, a un callejón sin salida, a un círculo redundante; es preciso que algo suceda, es necesario volver a empezar, volver a intentar.

DÉCIMO: DE LAS INTERDEPENDENCIAS

Ocurren cosas curiosas cuando no se es. Puesto que el otro determina y valida lo que soy y el otro siente, decide y no juega, en mis relaciones con él debo hacer todo lo posible por que mi conducta le satisfaga, lo llene y le guste. No importa que yo en realidad no sienta, lo importante es que el otro esté bien, pues eso es lo que me va a llevar a pensar que soy capaz. Es decir, si logro que el otro esté satisfecho conmigo, yo seré más valioso puesto que seré el causante de su bienestar.

Lo curioso es que el otro puede tener el mismo tipo de estructura que yo, esto es, puede que le importe más hacerme sentir bien o enseñarme el camino, puesto que eso lo valida a él.

Se llega así a la máxima incongruencia, cada uno en sí no es sino en relación con el pensamiento de que el otro es y la realidad es que ninguno de los dos es, solo se juega a ser, dependiendo de la convicción de que cada uno está haciendo ser al otro. Uno espera que el otro sienta, el otro espera que uno sienta... y nadie siente.

UNDÉCIMO: DE LOS ROLES

Cuando comenzamos una actividad que no conocemos, pero de la cual tenemos una idea teórica, nos convertimos en la idea teórica de esa actividad. En otras palabras, asumimos un rol y empezamos a ser ese rol. Creemos que es más valioso actuar de acuerdo con lo que todos, incluyendo nosotros mismos, hemos definido como apropiado y a partir de ese momento empezamos a valorar nuestros actos en la actividad. Si sentimos algo que sabemos no se adecúa a la idea que los otros tienen de cómo debiera ser la actividad, inhibimos ese sentimiento y actuamos de acuerdo con la idea teórica. De esa manera, caemos en un círculo vicioso, en el que el rol se conserva no porque seamos en él, sino porque dependemos de lo que se espera que sea.

Quien nos observa refuerza su idea de que el rol es valioso puesto que nos ve actuando en correspondencia a él, y por lo tanto aumenta su convicción de que ese rol existe por sí mismo y es algo real; eso a su vez nos confiere la misma seguridad y por lo mismo no tenemos duda en que debe conservarse.

Sin embargo, esto solo lleva a la nulidad: no hacemos lo que sentimos, sino que actuamos demostrando al otro la aparente existencia de ese sentimiento, lo cual es sumamente paradójico, pues consideramos importante el sentimiento y actuamos como si este existiera, pero simultáneamente inhibimos toda posibilidad de sentir realmente. Nos engañamos en la forma más pueril y tonta, y no nos damos cuenta de la farsa.

DUODÉCIMO: DE LAS ENSEÑANZAS Y DE LAS IMPOSICIONES

Creemos que somos más valiosos cuando el otro aprende de nosotros. Si tenemos esta estructura significa que lo que estamos tratando de enseñar es una idea teórica. En el fondo lo que hacemos es simplemente imponer la idea teórica para hacer que adquiera una aparente realidad. Si el otro acepta la imposición tendremos la seguridad de que esa idea es valiosa y real, puesto que el otro también está de acuerdo con ella. Cuando esa idea, que deseamos sea aceptada y compartida por el otro, se refiere a la necesidad de ser independientes y dejar de vivir dentro de estructuras, caemos en la farsa más sutil. La necesidad que tenemos de que el otro comparta la opinión de que es necesario salirse de la estructura, constituye otra estructura que implica igual o peor dependencia que aquella que aparentemente estamos enseñando a desechar.

Esto quiere decir que todo puede convertirse en estructura y que la estructura no tiene una realidad propia, sino que somos nosotros siempre los que la creamos.

Deberíamos limitarnos a trasmitir en lugar de querer enseñar, y deberíamos trasmitir solo aquello de lo que estemos absolutamente seguros no es una idea teórica, de otra forma solo estaremos estableciendo un acuerdo que más adelante resulta casi imposible de entender y, sobre todo, de romper.

La necesidad de imponer una idea teórica proviene de la estructura que considera a esa idea como más valiosa que uno mismo.

DÉCIMO TERCERO: DEL FUTURO

Cada acción, pensamiento o sensación es lo más importante, puesto que todo lo que existe solo existe en este momento.

Solo es concebible y explicable hacer algo que sabemos es por sí mismo una imposición al otro o resulta de una imposición del otro, cuando nos hemos convencido de que ese algo no es importante y creemos que no es importante porque suponemos que no traerá ningún efecto futuro. Creemos que lo importante y lo valioso ocurrirán algún día, en un futuro, y que los actos del presente preparan ese futuro. Pensamos que para poder llegar a ese futuro hay que privarse de ciertas cosas, someterse a algunas imposiciones y sacrificar ciertos actos, puesto que, de no hacer ese sacrificio, cortaríamos el camino.

Nada hay más falso, y la razón es muy simple, el futuro no existe, pensar que hay actos no importantes, considerar que es válido y prudente prepararse sacrificando parte de nosotros mismos, solo lleva a un resultado: jamás seremos, habremos cedido en algo y nada es ni será valioso.

Se esperaría que un anciano fuera él mismo, pero eso depende de que cada acto de su vida haya sido importante o de si ha cedido. El anciano que cedió debe tener la sensación más angustiosa, pues se da cuenta de que eso no le llevó sino a temer de la muerte.

DÉCIMO CUARTO: DEL DOLOR

El dolor no existe, sino como descripción y concepto aplicable a ciertas situaciones en que creemos se debe manifestar. Esto es una vivencia, puedo controlar mi dolor y ese control se obtiene cuando me doy cuenta de que es solamente una estructura. Cuando de antemano estimo que ciertas situaciones son necesariamente causantes de dolor: lo son. Cuando, en cambio, logro dejar de considerar que por fuerza voy a sentir dolor, dejo de sentirlo.

Esto es porque en realidad el dolor no está fuera de mí, sino dentro.

DÉCIMO QUINTO: DEL MUNDO Y SUS DESCRIPCIONES

El mundo es una descripción, nos parece lo más fijo, inmutable y constante que existe, pero esto solo resulta del hecho de que nos han enseñado a considerarlo así: fijo, inmutable y constante.

Si el mundo se construye dentro de nosotros, entonces el mundo puede cambiar al cambiar la construcción.

Podemos construir el mundo que queramos, pero para ello es necesario llegar a estar completamente seguros, dejar de plantearnos preguntas y tener la absoluta certeza de que somos causa y no efecto, de que el mundo está en nosotros y no en el exterior: es indispensable haber encontrado el Ser.

DÉCIMO SEXTO: DE LOS OCULTAMIENTOS

Ante el otro nos ocultamos, consideramos que no es conveniente establecer una relación en que nos abramos completamente. Es mejor que el otro tenga una imagen de mí a través de mi conducta.

Es algo extraordinario, pensamos que lo que existe dentro de cada uno de nosotros no sirve, nos da miedo ser ante el otro porque dependemos de la idea de que el otro pueda desilusionarse, y eso implicaría nuestra invalidez. Sin embargo, seguimos pensando y sintiendo, pero eso también lo ocultamos en nosotros mismos, como si ese ocultamiento sirviera para que lo que hay en nuestro interior dejara de ser real.

Pensamos que al ocultar estamos borrando, y la verdad es que al tratar de engañar al otro solo nos engañamos a nosotros.

DÉCIMO SÉPTIMO: DEL QUERER Y DEL POSEER

Nuestra cultura nos ha enseñado que se quiere realmente a una persona solo cuando surgen la necesidad y el compromiso de hacer de esa persona una posesión personal. Estamos acostumbrados a oír frases como: te quiero para mí, no puedo vivir sin ti, etcétera. Nos preparan a querer a una persona como si fuera un objeto; la verdad de las cosas es que querer, en ese sentido, no es más que resultado de una inseguridad —quiero al otro en tanto el otro me quiera—; en esta condición no se quiere al otro y menos a uno mismo, se tienen dudas del propio valer y lo único que se desea es que el otro, a través de su conducta, las haga desaparecer.

Nos apoyamos en una estructura: lo que creemos querer no es al otro sino, más bien, a esa estructura; y lo que deseamos del otro es simplemente que no la ponga en duda, sino que, por el contrario, la refuerce; por ello nos da miedo que el otro deje de ser nuestra propiedad, eso significaría que duda de la validez de nuestra estructura.

En realidad, querer a una persona es poder verla como separada de uno mismo, sin poseerla y sin ser su posesión, sin pensar que deben ocurrir eventos previamente determinados y estructurados.

Querer a una persona es aprender de ella sin tener esto como motivo, es dejarla ser y ser uno mismo. Pero, al mismo tiempo, podemos querer a alguien solo cuando nos queremos a nosotros mismos, pues ese alguien se encuentra dentro de nosotros.

No se deben confundir ambas cosas, el que alguien se encuentre dentro de mí no quiere decir que sea mi complemento o mi propiedad. Solo significa que yo soy el que quiere; que el querer se encuentra dentro de mí y no es una estructura que desee mantener o dé miedo perder.

DÉCIMO OCTAVO: DE LOS SENTIMIENTOS DE CULPA

Nos han enseñado a no decir las cosas que sentimos porque eso podría provocar un daño en el otro; este puede estar sumergido en juegos y apariencias y manifestar una seguridad inalterable puede ser una nulidad de sensaciones y pensamientos propios pero, como aparenta ser, no debe ser tocado.

Nos han enseñado a no cuestionar apariencias, a respetar por sobre todas las cosas las estructuras, a pensar que lo valioso es la manifestación aparente y no la realidad interna.

Cuando en esa situación nos atrevemos a preguntar, sentimos que estamos dañando, no somos capaces de entender que lo que nos hemos atrevido a hacer significa empezar a edificar, más bien, tememos que el resultado sea llevar al otro a un estado de malestar.

Nos importa más ese malestar que sacar al otro de su juego, consideramos que es más importante el juego que el Ser y, por lo mismo, sentimos que dañamos y nos creemos culpables.

El sentimiento de culpabilidad es continuo y crónico; no debemos poner en duda la estructura, pero simultáneamente dudamos y esto nos hace sentir culpables.

Cuando a alguien le han enseñado que lo valioso es manifestar lo que el otro considera adecuado, que lo que siente y lo que es no tienen valor, puesto que el otro no puede percibirlo, y que es "necesario rodearse de gente que represente, en la forma más pura posible, las estructuras de las que uno depende, en ese momento el camino queda preparado para la continua y repetida aparición de sentimientos de culpa. Nos sentimos culpables cuando ponemos en duda la estructura; ese sentimiento surge de ponerla en duda y del miedo a que de hacerlo resulte un rechazo hacia nosotros, del miedo a quedarnos sin nada.

Puesto que somos lo que el otro ve en nosotros, cualquier cosa que se aparte de la apariencia adecuada nos hará sentir culpables, pues dejaremos de ser.

Cuando uno es y hace lo que siente, no hay cabida para los sentimientos de culpa. En ese estado es imposible sentirse culpable, por la sencilla razón de que desaparecen la dicotomía y la separación entre el manifestar y el sentir.

DÉCIMO NOVENO: DE LA LIBERTAD

Tenemos una gran tendencia a pensar que no existe ya nada nuevo por aprender, que el mundo no tiene ya nada más que enseñarnos; en ese estado necesitamos con urgencia rodearnos de apariencias y vivir prisioneros y dependientes de ellas.

Aquel que vive siendo no requiere rodearse de apariencias ni necesita nada externo, puede vivir en una prisión o en una cueva, pero siempre aprenderá de lo que le rodea y siempre será libre.

Quien vive comprometido con su propia realidad no puede aprender nada nuevo, necesita rodearse de un millón de apariencias, solamente tras ellas puede sentirse seguro; puede residir en un castillo o en un bosque cuando en realidad vive en una cárcel interna.

El que es en la prisión, es libre.

El que está comprometido, vive encarcelado aunque habite un castillo.

Desconfiemos de aquellos que para vivir necesitan castillos: son los más infelices y, además, siempre procurarán imponernos su propia estructura puesto que sienten que al hacer que la aceptemos es la única forma de darle realidad.

VIGÉSIMO: DEL QUERER

Existe algo en la historia y en el Ser de dos personas que las predispone a quererse cuando se encuentran. Si alguien pudiera recorrer en su totalidad y desde un principio las dos historias: entendería.

Cuando alguien empieza a preguntarse las razones por las que quiere al otro, casi siempre encuentra las que le parecen lógicas, las que forman parte de una estructura, pero nunca, cuando su deseo es encontrar una respuesta, encuentra la verdadera.

Las historias son múltiples, y múltiples pueden ser los encuentros. Querer no solo significa poder ver a la otra persona volar; querer tiene otro componente: es un coincidir de historias, una vivencia casi mística donde la verdadera razón del sentimiento es oculta, nunca clara, pero tiene tal fuerza y contenido que nada en el fondo puede destruirla.

Nos preguntamos la razón de nuestra afinidad y siempre lo hacemos cuando de antemano creemos tener la respuesta, no nos damos cuenta de que el mundo es mucho más complejo, maravilloso y sorprendente que lo que podemos pensar de él.

VIGÉSIMO PRIMERO: DE LAS DEPENDENCIAS

Esperar algo es depender.

VIGÉSIMO SEGUNDO: DE LAS INVALIDACIONES

Ayer entendí que no debo invalidar mis afinidades, que estas siempre tienen más fondo del que yo, cuando las cuestiono, puedo imaginar.

Entendí que el mundo es mucho más rico, complejo y sutil que cualquier construcción que intente explicarlo. Supe que eso es maravilloso y que tengo la responsabilidad de dejar que el universo me enseñe.

Debo impedir encajonarlo y más aún, que el otro en mí mismo lo considere claro y transparente.

Aprendí que debo aprender, que debo ser capaz de ver y dejar que la información infinita que se brinda no sea inhibida por acuerdos, consideraciones ad hoc o construcciones.

Ayer aprendí a respetar al universo, eso indica que estoy aprendiendo a respetarme a mí mismo.

VIGÉSIMO TERCERO: DEL CONOCIMIENTO

Antes me habían hecho pensar que existían dos tipos de conocimiento. Uno, formado por datos externos que podían utilizarse en caso de tener algún problema, ofrecerse durante una conversación o emplearse para derrotar un argumento; datos con los que podían hacerse estadísticas y llegar a conclusiones objetivas.

El otro es el que resultaba de alguna vivencia, que se sentía como parte de uno mismo y hacía aprender de la vida, el que no podía ofrecerse como argumento objetivo y del que no podían obtenerse gráficas ni estadística, el conocimiento mío, de mis experiencias y de mis vivencias, lo que sentía y se guardaba como tesoro, lo que no podía ser transmitido como dato externo "cuantificable" y "medible".

Creía que esos dos tipos de conocimiento podían ser separados, archivados en diferentes memorias sin interferir unos en otros, pensaba que podía actuar utilizando el primer tipo en ciertas circunstancias, y en otras el segundo.

Ahora sé que solo existe un conocimiento, el segundo, que lo que antes creía ser el primer tipo no existe en realidad.

Todo el conocimiento debe ser parte mía, de otra manera no existe.

VIGÉSIMO CUARTO: DEL SER Y DE LAS CIRCUNSTANCIAS

Acostumbramos oír que se debe ser de acuerdo con las circunstancias. Que no se puede ser el mismo en un baile de disfraces que dando cátedra, que es necesario adecuarse a las circunstancias y actuar conforme a ellas.

Es obvio que quien tiene esa idea no es: solo juega a ser, piensa que su conducta debe llevar necesariamente la aceptación de los otros y son ellos, por tanto, quienes determinan la forma en que se debe actuar.

La sola idea de ser el mismo en cualquier circunstancia lo aterroriza y lo angustia. Piensa que lo que siente no tiene realidad, que lo real es como el otro lo ve.

Opina que el otro es lo que manifiesta: el hombre dueño de un banco es un banquero, el que maneja un camión es un chofer, el que hace pan es panadero. Puesto que todos son distintos, cree que debe actuar en correspondencia.

Jamás es él mismo, jamás considera que ser es más importante que jugar a ser lo que el otro espera.

¿Cómo explicarle que todos somos hombres, que algunos desarrollamos diferentes actividades pero que nunca somos las actividades, que eso es solo la apariencia?

VIGÉSIMO QUINTO: DEL LENGUAJE Y DE LAS ESTRUCTURAS

La forma más sutil y eficaz de transmitir una estructura es a través de la enseñanza de un lenguaje.

El niño que ve a un hombre entregar la leche en la mañana, sabe muy bien que la leche es leche y que el hombre es hombre. Nosotros destruimos esa sabiduría, le enseñamos a hablar, le decimos: él es un lechero, este otro es carpintero y aquel, maestro.

El pequeño empieza a creer que el hombre es su manifestación, que es enteramente lo que hace, y él mismo dice que al crecer se convertirá en una actividad, será aquello que los otros han definido y aceptado como ser. No puede recordar que alguna vez el hombre que vio era simplemente un hombre y menos aún aceptar que él mismo también lo es.

Aprende a jugar a ser y comienza a necesitar que los otros le enseñen lo adecuado y lo esperado para cada situación de "ser". De antemano piensa que es imposible actuar sabiendo puesto que esa sabiduría implica datos que debe adquirir.

No puede recordar que lo más simple es saber y que siempre ese saber es el mismo, independientemente de la actividad que se desarrolle.

VIGESIMOSEXTO: DE LA RIQUEZA

Algunas personas necesitan rodearse de situaciones sofisticadas: se hacen servir su comida diaria por meseros, se transportan en limusinas con choferes y se pintan al óleo; asisten a fiestas deslumbrantes y no soportan que no se les observe y admire. Les avergüenza no estar a la última moda y se sienten desdichadas cuando en una competencia de apariencias resultan vencidas. Pobre gente, cree ser feliz y no soporta estar un minuto consigo misma porque se aburre. Solo está contenta cuando se ve rodeada de gente que ha "sobresalido" o que es considerada muy "importante".

Esas son las personas que más dependen de la aceptación que el otro les manifiesta; nunca son ellas mismas, siempre son lo que el otro desea que sean. Es tanto el desprecio que sienten hacia sí, que desprecian a todo aquel que consideran "inferior".

La necesidad que tienen de ser aceptadas por gente importante refleja su creencia en que por esta sola asociación adquirirán para sí la importancia que el otro posee. Sus relaciones siempre tienden a convertirlas en propiedad o en objeto de uso del otro.

Es tanta la ignorancia que esas personas tienen acerca de su situación, que incluso tratan de transferirla a sus hijos. Estos últimos viven generalmente en el terror y reaccionan ante él de varias formas: ya deciden aceptar el camino que se les ofrece, volviéndose absolutamente dependientes; ya lo rechazan, manifestando las más convincentes señales de independencia.

Aunque la manifestación sea diferente, en el fondo representa lo mismo, es decir, una dependencia de la dependencia o una dependencia de la independencia.

Existe, sin embargo, una tercera forma de reacción, que consiste en encerrarse en uno mismo sin aceptar ni rechazar propiamente el camino. Las personas que se deciden por esto son las que buscan desesperadamente el Ser y las que en última instancia lo encuentran alguna vez.

VIGESIMOSÉPTIMO: DEL DETECTAR

En ocasiones detectamos algo en nuestro ambiente: tenemos la sensación de que ha ocurrido un evento que en el momento nos parece muy real. En otras, sentimos que la persona con quien nos estamos relacionando tuvo un pensamiento, idea, sensación o incluso un sentimiento.

Las más de las veces, lo único que hacemos en tales circunstancias es inhibir esa detección, considerando imposibles su ocurrir y su realidad.

Jamás averiguamos la veracidad de nuestras detecciones. De antemano las sometemos a una estructura que postula que ese tipo de percepción es imposible, que solo es y resulta de una fantasía. La realidad de las cosas puede ser muy distinta: probablemente contamos con un mecanismo de detección de eventos mucho más sutil del que podemos imaginarnos; por lo menos, vale la pena ponerlo a prueba. Quizá si logramos desechar la estructura inhibitoria y empezamos a confiar más en nosotros mismos, descubramos que detectar es algo real y bellísimo.

VIGÉSIMO OCTAVO: DE LAS RESPUESTAS Y DE LAS RELACIONES

Cuando un niño ha sido sometido durante toda la primera etapa de su desarrollo a una continua situación de presión, dirigida a hacerle aceptar una estructura en la cual lo único importante es la manifestación externa adecuada y dirigida a lograr la aceptación del otro, el niño así presionado puede escoger —entre otras— tres diferentes formas de responder.

La primera de ellas es la aceptación incondicional de la estructura. En este caso, el niño se convertirá en un ser extrovertido, despreocupado de su realidad interna y lo único que deseará será lograr que el otro lo acepte. Toda su existencia se fundará en el principio según el cual el mayor valor del hombre son su vida comunitaria y las satisfacciones que resultan de ella. Siempre podrá sentirse a gusto en una reunión y hará todo lo posible por integrarse a una sociedad que lo acepta y le da su valor. Mientras esta sociedad exista, no tendrá problemas, huirá del contacto consigo mismo y de la soledad, pues esta le es completamente extraña y angustiante. Podrá hacer todo aquello en que la mayoría esté de acuerdo. Será el perfecto soldado o el perfecto fascista. Si el valor aceptado por quienes lo rodean es la muerte, matará; si la rigidez, será rígido; si el genocidio... no tendrá problemas de conciencia. Si como reacción a su nulidad real esta sociedad comienza a pensar en el superhombre adjudicándose por ello un papel redimidor, se sentirá superior.

Esas son las personas que con mayor facilidad aceptan un líder, puesto que representa la estructura de aceptación y la ausencia de soledad. Gente como esta no tendrá jamás la necesidad de preguntarse si lo que hace es correcto o incorrecto, le bastará saber cómo los demás evalúan y actuará de acuerdo con esa evaluación. Puesto que nunca han sido ellas mismas, esas personas podrán, sin ninguna inhibición, hacer uso del otro como objeto de satisfacción. En realidad, tal es lo que hacen durante toda su vida, utilizan al otro como objeto para sentirse satisfechas consigo. En otras palabras, la respuesta de ese niño, sometido a la presión de la estructura, será la absoluta dependencia.

La segunda posible respuesta es una reacción total en contra de la estructura. El niño que así responde se convierte en autista. Nada de lo que lo rodea le interesa, no puede aceptar que lo usen y tiene una clara y completa visión de lo que el otro intenta hacer con él. Se encierra en sí mismo y jamás es capaz de comunicarse, sospecha de todo y de todos.

Es él mismo, pero como enfrentamiento a la imposición de los otros, no como descubrimiento personal. Es el perfecto anarquista o el ideal esquizofrénico. La única actividad que desarrolla es aquella que implica venganza para su nulidad reactiva; por tanto, se complace en destruir, pues lo que desea realmente es destruirse a sí mismo. Nada de lo que ocurre a su alrededor es bello puesto que todo va dirigido en su contra. Busca explicaciones para los actos de los otros, y las únicas que conoce son las que le indican que la motivación del otro es siempre atacarlo y destruirlo. Aparentemente es independiente y libre; en realidad vive en una cárcel absoluta; depende del otro para hacer lo contrario de lo que el otro espera que haga, sin darse cuenta de que el otro está en él.

La tercera posibilidad de respuesta es intermedia. No es ni la primera ni la segunda, es algo entremezclado y al propio tiempo diferente.

El niño que escoge esta respuesta vive atemorizado por la estructura, pero es incapaz de oponerse totalmente a ella y, más aún, de aceptarla. No conoce ni se imagina cuáles son las motivaciones de los otros. Estos se convierten en algo mágico para él. Jamás pensará que desean usarlo como objeto, más bien confiará en que los otros quieren su bien y, por tanto, actuará en correspondencia.

Se sentirá obligado a hacer cosas que en realidad no desea realizar, no porque acepte incondicionalmente la estructura sino porque simplemente no es capaz de creer que esta exista, considera que los demás solo pueden tener las mismas intenciones bondadosas que él y jamás se imagina que exista la posibilidad de que el otro lo esté utilizando para disminuir una inseguridad; así, será incapaz de negarse a cualquier deseo del otro: si llegara a hacerlo, inmediatamente experimentaría un sentimiento de culpa y sentiría la necesidad de justificarse.

Nunca será capaz de ver malicia en el otro, puesto que esta le es ajena. Se sentirá culpable por no hacer lo que el otro desea que haga, pues siempre pensará que el otro es bueno y no puede estar equivocado ni puede tener otras intenciones más que aquellas que necesariamente llevan al ser. Siempre será un ingenuo y podrá ser objeto de uso de cualquiera.

Acostumbramos a catalogar a una persona con estas características como débil, cuando lo que le sucede en realidad es que no es capaz de entender cuáles son las motivaciones de quienes lo rodean.

Esa incapacidad no es el resultado de una deficiencia intelectual, es simplemente el reflejo de una ingenuidad extrema.

Este tipo de respuesta solo se da en aquellos que buscan desesperadamente llegar a ser ellos mismos, y que están absolutamente seguros de que quienes los rodean no juegan ni tratan de imponer, sino simplemente son ellos mismos.

La sensación de que los otros son y ellos no son los lleva a preguntarse continuamente si la actividad que desarrollan los acerca o los aleja del Ser. Siempre están preocupados tratando de resolver esta interrogante, siempre se sienten aislados y jamás les satisface estar simplemente con los otros, puesto que se colocan en un plano de inferioridad que resulta de su sensación de no ser.

No son capaces de integrarse a un grupo, ni de alejarse enteramente de él. Viven jugando papeles, esperando desesperadamente que alguno de ellos los haga sentirse siendo.

Cierta sensación de orgullo basado en la idea de que la continua preocupación y el cuestionamiento interno son la única actividad valiosa para un ser humano coexiste en esas personas, con una actitud de absoluta falta de importancia hacia todo lo que hacen. Sienten que ninguna actividad que resulte directamente de un gusto o de un deseo personal tiene significación, no pueden llegar a la conclusión de que lo que hacen tiene un valor en sí porque todo lo analizan y lo hacen depender de la estructura de culpa y justificación que ha sido creada en ellas. En otras palabras, invalidan cualquier actividad que no puedan justificar como verdaderamente necesaria para el bienestar del otro; por tanto, solo aquello que resulta en este bienestar les parece importante.

Si la actividad solo tiene conexión con ellas mismas, sin que pueda causar bienestar directo al otro, entonces esa actividad no tiene importancia. Es precisamente ese sentimiento de falta de importancia y de absoluta invalidación lo que hace que estas personas no dejen de buscar respuestas y al mismo tiempo no las encuentren.

Acostumbran a dicotomizar su conducta en aquella que vale la pena y aquella que no. Esta última generalmente está asociada a una satisfacción personal, la primera queda determinada por la satisfacción que pueda provocar en los demás. Cuando realizan una actividad que previamente han catalogado como falta de importancia y de valor, se sienten culpables y necesitan justificar ante los otros la necesidad de realizar la actividad. En ese punto son extremadamente cautelosos, inventarán mil y una razones que, según creen, harán notar al que las oiga lo necesaria e importante que es la actividad que realizan, cuando en verdad la única justificación de la misma debería ser realizarla. Probablemente tal necesidad de justificación resulta y proviene de que alguien, en la primera etapa del desarrollo de esas personas, vio la necesidad de hacer que desde niñas dieran una continua justificación a sus actos. La introyección de esta necesidad produjo una persona que requiere justificarse continuamente ante los otros y experimenta una sensación de vacío cuando tal justificación no es posible. Por otro lado, es muy claro que la forma como estas personas realizan sus actividades también está dicotomizada.

Para las que "valen la pena" utilizan una metodología estricta y su actividad se caracteriza por la obsesividad y la rigidez.

En cambio, aquellas que "no valen la pena" las realizan sin método, en forma descuidada y fluctuante.

Las personas que han escogido la tercera respuesta siempre se sienten obligadas con las demás, pues piensan que deben hacer todo lo posible para que estas no se sientan dañadas, sin importarles lo que pase con ellas mismas. Hacen creer al otro que están de acuerdo con sus estructuras, no porque sean hipócritas, sino con el único fin de no hacer que quien las manifiesta se sienta mal.

No soportan que nadie dependa emocionalmente de ellas y menos aún caer ellas mismas en dependencias; sin embargo, tienden a depender de quienes gustan de usar a los hombres como objetos. Como no son capaces de ver la real intención del usuario debido a que no conciben que tal motivación exista (por no existir en ellos mismos), acceden a depender, como resultado de su deseo de no hacer daño a alguien que aparentemente tanto las necesita.

Estas personas muestran continuas fluctuaciones en su conducta; en ocasiones actúan en forma enteramente similar a como lo hace el que escogió la primera respuesta y en otras, como el de la segunda. Esas fluctuaciones no son más que huidas, escapes de una situación que comienza a tornarse insostenible. Probablemente la fluctuación que ocurre con mayor frecuencia es la que se asocia con la segunda respuesta, es decir, un encierro en sí mismo.

¿Qué sucede cuando se encuentran dos personas que han escogido iguales o distintas respuestas?

Si los dos pertenecen a la primera respuesta, el carácter de su relación será enteramente comercial o jurídico. Manifestarán todas las conductas que quienes las rodean consideran identificables con el amor; sin embargo, nada estará más alejado que ese sentimiento. Lo que sostendrá la relación será un simple pacto o acuerdo y el único sentimiento probable será el temor a la pérdida. Cada una utilizará a la otra como objeto de uso personal.

Si ambas pertenecen a la segunda respuesta, la relación será en extremo destructiva. Lo que las unirá será solo un afán de competencia, una carrera que cada una intentará ganar a la otra.

Si una pertenece a la primera y la otra a la segunda la relación tendrá componentes sadomasoquistas. La de la primera se someterá incondicionalmente a las decisiones de la segunda. Esta última, a su vez, se sentirá con el derecho y autoridad de imponer cualquier consideración, siguiendo para ello un gradiente en el que las primeras presiones serán relativamente leves e inocuas y, a medida que no encuentre resistencia, el nivel de reactividad aumentará y aumentará hasta llegar a extremos dramáticos.

Las relaciones entre una persona que ha escogido la primera y otra que ha optado por la tercera estarán caracterizadas por la continua aparición de sentimientos de culpa en la de la tercera, y de frustración permanente en la de la primera. Ninguna de las dos podrá ofrecer a la otra lo que verdaderamente necesita. La de la primera intentará usar a la otra como vehículo de disminución de su inseguridad y la de la tercera caerá en la más profunda de las dependencias;

no querrá hacer daño y accederá frente al usuario; surgirá una situación completamente estructurada y, por tanto, redundante, vacía y falsa.

Si la relación se establece entre una persona que escogió la segunda respuesta y otra que optó por la tercera, el único resultado posible será la aceptación de la estructura por parte de esta última, seguida de un rechazo de la misma. La relación se caracterizará por su carácter fluctuante. Se establecerán poderosos lazos de interdependencia que harán sumamente difícil la comprensión del carácter real de la relación. Solamente en el momento en que la persona de la tercera respuesta se dé cuenta del manejo que se le ha impuesto habrá una reacción que podrá consistir en el rechazo de la relación con la consiguiente búsqueda de nuevos caminos, o en su hundimiento en la más profunda de las depresiones.

La relación entre dos personas que han escogido la tercera respuesta es la más interesante y compleja por su intensidad, su realidad y porque cursa a través de diferentes etapas y fases, cada una de las cuales acerca a las dos al ser. Esto indica que de todas las posibles relaciones mencionadas es esta probablemente la más pura.

En un principio y a través de un fenómeno de detección muy sutil, las dos personas —en ese momento extrañas— sienten un gran deseo de establecer comunicación. Han detectado alguna característica que les atrae en forma casi irresistible. Quizá la detección se relacione con conductas verbales, por ejemplo, una puede notar que la otra tiene una gran tendencia a utilizar justificantes en tareas donde estos no son necesarios, u oír que manifiesta un sentimiento de culpabilidad al pensar que le hizo daño a alguien que estaba intentando usarla como objeto. La detección puede también relacionarse con conductas no verbales. Por ejemplo, la otra manifiesta gran atención y apoyo a alguien que trata de imponerle una estructura y esto claramente resulta de un cuidado extremo de no provocar malestar; puede también ser detectada una alteración en la expresión facial que se reconoce como manifestación de un proceso inhibitorio al hacer una pregunta, etcétera.

El que detecta estas manifestaciones no se da cuenta de lo que significan, pero de alguna manera, algo en su interior las identifica, analiza y le provoca una gran afinidad.

Esta es la primera fase de la relación, podríamos denominarla "fase de detección".

La sensación de afinidad es tan poderosa en las dos personas que en algún momento se exterioriza. Esta exteriorización puede consistir en una caricia, un comentario verbal en el que se hace saber del sentimiento de afinidad, o cualquier otra conducta que es entendida por ambos como manifestación del deseo de establecer una relación.

En ese momento comienzan a ocurrir fenómenos que se caracterizan por su intensidad. Al principio de la relación, pero después de la fase de detección y de la manifestación de la afinidad, cada miembro de la pareja desea trasmitir una serie de ideas acerca de cómo debiera formarse una relación. Se habla acerca de la necesidad de salirse de toda estructura y alejarse de toda dependencia.

Estas ideas representan el ideal teórico y, como tal, no pasan de ser un deseo y una simple verbalización. Al mismo tiempo son un compromiso que se debe cumplir, en el sentido de que deben hacerse cosas que de alguna manera impliquen llegar al ideal. Las conductas surgidas de este compromiso y de la necesidad de independencia no son realmente independientes, sino que, por lo contrario, tienen un carácter obligado.

A pesar de lo anterior, tales conductas se manifiestan, y así provocan cambios reales.

En este momento de la relación ocurren simultáneamente dos procesos; por un lado, las conductas en apariencia independientes empiezan a ser enseñanza y deleite. Cada quien en la pareja comienza a sentir que puede hacer cosas que antes le provocaban grandes inseguridades y poder hacerlas le hace sentirse capaz y valioso.

Por otro lado, comienza una lucha interna sumamente intensa. Se empieza a desechar estructuras y acuerdos que antes servían como puntos de referencia y de falta de riesgo. Este desechar va acompañado de grandes dudas en las que se cuestiona lo pasado, pero también lo presente. Se teme ante el riesgo y peligro de quedarse sin nada y se tiene la sensación de solo estar viviendo una fantasía que en un momento se desmoronará.

La fase de lucha interna persiste hasta el momento en que los cambios teóricos empiezan a convertirse en reales, es decir, cuando las conductas asociadas al compromiso de independencia dejan de tener un carácter obligado y son satisfactorias de suyo.

En este momento se empieza a descubrir estructuras y acuerdos emanados de estas, la historia personal comienza a esclarecerse y, como resultado, se inicia una comprensión de la conducta propia y de la ajena.

Lograr entender la conducta y sus causas produce una sensación de seguridad que se generaliza a todas las áreas. Las personas participantes en la relación cambian en forma real, comprenden las razones de sus problemas y empiezan a resolverlos.

Existe además un aumento de sensibilidad que permite detectar eventos internos que antes permanecían ocultos. Tal detección lleva a reconocer muchas situaciones como asociadas y conectadas a áreas de inseguridad, ocurriendo que esas áreas son analizadas y corregidas.

El aumento de la seguridad interna y de la confianza que resulta del proceso de cambio y de las vivencias asociadas con este trae como resultado inmediato la posibilidad de empezar a vivir sin analizar y sin ser espectador de sí mismo. La experiencia resultante de este vivir es tan satisfactoria, que a partir de ese momento se decide seguir viviendo así.

Se reconoce que el valor asignado al análisis se debía solo a una estructura basada en la inseguridad interna y, por tanto, también esta estructura se comienza a desechar.

En estas condiciones, la persona de la tercera respuesta se encuentra consigo misma y el resultado del encuentro es su aproximación al ser.

VIGÉSIMO NOVENO: DE LAS MANIPULACIONES

Existen personas que sienten gran necesidad de aplicar un chantaje emocional a otras. Este chantaje no es más que una manipulación mediante la cual quien lo utiliza desea sentir que tiene un poder y una dominación absolutos sobre otra persona.

La manipulación consiste en crear sentimientos de culpa a través de una continua queja acerca de los "daños" que la persona a quien se quiere manipular ha causado a la que manipula. Aseveraciones como: "Mira lo mal que estoy por tu culpa" o "mira todo lo que me haces sufrir y lo que estoy sacrificando solamente porque tú estés feliz", etcétera, crean en aquellos a quienes se dirigen una sensación de que por necesidad deben ceder en lo que no quieren hacer, para lograr que la persona que se ha "sacrificado" tanto pueda tener por lo menos alguna "satisfacción".

Por supuesto, tales aseveraciones nunca están justificadas, siempre surgen de la inseguridad profunda de quien las utiliza y además de una convicción muy arraigada en el sentido de que nadie tiene derecho a hacer lo que realmente quiere. Esta convicción es simplemente la reacción ante una situación en que la persona que necesita manipular se ha colocado. Tal situación es siempre una en la cual lo que realmente desea, o pretende esa persona, está bloqueado o impedido por alguna estructura o compromiso.

Es decir, la persona que manipula no es libre y por tanto no vive en la forma como quisiera. Precisamente por ello opina que nadie tiene derecho a vivir libre y, por consiguiente, cree tener autoridad para manipular y someter. La persona con esa estructura se vuelve guardián y custodio de ella. Todos quienes dependen en una u otra forma de esa estructura son sometidos a la custodia. Las personas así sometidas pueden reaccionar de muchas formas. Una de ellas consiste en la aceptación incondicional del dominio, otra puede ser su rechazo absoluto.

La que ha escogido el rechazo tiene suerte, desde luego que sufrirá muchas imposiciones físicas, pero mantendrá una independencia emocional que posteriormente la hará ser ella misma.

La que ha optado por la aceptación siempre se sentirá insegura al manifestar algo que desea o al pensar en algo que se opone tácitamente a la estructura que se le ha tratado de imponer. Sus relaciones con otra gente y consigo misma estarán siempre asociadas con la necesidad de mantener una apariencia. Al mismo tiempo, se sentirá con el derecho y la obligación de custodiar la estructura que se le ha impuesto y de imponerla a otros.

Obviamente se ha trasmitido la situación original y esa trasmisión hace que se perpetúe la necesidad de imposición.

Solo en el momento en que las personas que tienen la necesidad de imponer estructuras empiecen a descubrir su propia valía, solo entonces empezarán a cambiar, y ese cambio siempre implicará tirar por la borda toda su historia.

TRIGÉSIMO: DE LA NECESIDAD DE IMPONER

La necesidad de imponer una estructura tiene como base y motivo la idea de que aquel a quien se le impone es simplemente una propiedad y el que la impone, el propietario.

Implica una básica y definitiva falta de respeto en la capacidad pensante de ambos; del que impone y de quien la recibe. La razón de esto último es muy fácil de entrever, la estructura fija y determina en forma explícita cuáles conductas son las esperadas y cuáles las "esperables". Al seguir las normas asociadas a una estructura no es necesario pensar, ni existe riesgo alguno de cometer algún error; en cambio al confiar en uno mismo sí existe riesgo.

Si la persona se conociera sabría que siempre es más productivo dejar sin trabas los procesos mediatorios de pensamiento pues en tales condiciones de desinhibición, estos cursan y se manifiestan mucho más creativamente que cuando son bloqueados por un determinismo.

La inseguridad que estas personas sienten de sí es lo que explica todas estas conductas. Dicha inseguridad está a su vez determinada por una actitud analítica con la cual continuamente valoran sus conductas y las motivaciones con ellas asociadas. Tal actitud fue creada a su vez por alguien que impuso la necesidad de valoración al juzgar los actos y manifestaciones conductuales de quien, así, se volvió analítico.

Por otro lado, la necesidad de imponer una estructura surge, paradójicamente, de la inseguridad que se tiene acerca del valor de esta. Esta inseguridad impulsa a tratar de convencer al otro acerca de la necesidad e importancia de aceptar la estructura. El que impone la estructura desea que esta sea aceptada por el otro, puesto que tal aceptación implicaría darle más realidad a la misma y por tanto disminuiría la inseguridad básica acerca de su valor. Si la persona estuviese enteramente segura de lo que piensa no necesitaría imponer nada en absoluto puesto que sus pensamientos, en esa situación, no requerirían ningún acuerdo para adquirir mayor realidad, serán reales por sí mismos.

La idea de que al conseguir el acuerdo del otro se le da mayor realidad a una idea o concepto surge del proceso de socialización en que se nos enseña a pensar que el valor más importante es compartir realidades con la gente que nos rodea. Por otro lado, la idea de que es necesario lograr el acuerdo del otro para poder considerar algo como real proviene del funcionamiento del mecanismo pontificio decididor de realidades, el cual tiene como premisa básica considerar que algo tiene realidad física siempre y cuando todos estén de acuerdo en estimarlo así. Una idea no puede nunca tener el mismo carácter que un objeto y por tanto no es necesario que se comparta para que adquiera realidad. Esta verdad no la reconoce el decididor de realidades, que más bien piensa lo contrario y por ello actúa en correspondencia.

De ese modo —y por la influencia del decididor— sometemos nuestros pensamientos al veredicto del acuerdo.

Si este se consigue no tendremos problemas, pero si no, empezaremos a dudar de nosotros mismos. Habremos subordinado nuestra realidad interna al consenso general.

Lo estúpido de todo este proceso es que aquel a quien se subordina nuestra realidad interna tiene exactamente el mismo mecanismo de dependencia del acuerdo que nosotros. En esa forma, cada uno depende, en su realidad interna, de la aceptación de ella por el otro; de ahí que lo único que surge de esta situación son el absurdo y la comedia más trágica.

TRIGÉSIMO PRIMERO: DE LA TRILOGÍA: SUPERIORIDAD-INFERIORIDAD-DEPENDENCIA

Una de las vivencias más desastrosas que le pueden ocurrir a un niño es desarrollarse en una familia donde continuamente aflore la idea de que, ya sea por su situación económica o por su situación "intelectual", otra familia se encuentra en un plano superior.

Oír que sus padres se consideran inferiores provoca en el niño una serie de dudas muy intensas acerca de su propio valer. En esta situación, el niño puede empezar a pensar que por naturaleza él no posee las condiciones necesarias para lograr hacer lo que realmente quiere; sus derechos son inhibidos de antemano por la idea de que quienes lo rodean son siempre mejores o más sabios y cree, por tanto, que su actuación debe llevarlo a ser aceptado por ellos.

Igual o más desastrosa es la vivencia opuesta, es decir, cuando la familia o el grupo al que pertenece el niño tiene la fantasía de ser mejor y superior a los que lo rodean.

Las dos situaciones tienen en común la dependencia. El niño empieza a considerar como más importante ajustarse a la forma externa en que los otros lo definen como "superior" o "inferior" y no se crea en él la seguridad de que él mismo es el único capaz de definirse.

TRIGÉSIMO SEGUNDO: DE LA EXPRESIÓN DEL PENSAMIENTO

Es experiencia común la sensación de que no podemos comunicar todo lo que pensamos. La razón de esta dificultad es doble. En primer lugar, poseemos mecanismos inhibitorios que se activan en el momento en que hacemos una valoración del efecto que puede causar en el otro decir lo que pensamos. Por supuesto que esa valoración solo resulta de una inseguridad de nosotros mismos y de la estructura según la cual es más importante "la forma como el otro me ve y me acepta que la forma como soy en realidad". Los mecanismos inhibitorios que se ponen a funcionar en situaciones como estas son resultado probable de un proceso de interferencia entre el mecanismo que traduce la información interna en conducta verbal y la puesta en marcha del mecanismo asociado con el proceso de valorización.

En ocasiones, el proceso de valorización no se asocia a la estructura de aceptación sino simplemente a la idea de que el otro no es capaz de entender lo que realmente se está pensando; el resultado en este caso es similar al del anterior, hay una inhibición interna que impide la comunicación. El efecto de la inhibición no es solamente una disminución en el número de verbalizaciones sino también una alteración en la veracidad de estas.

Se empiezan a decir cosas que realmente no se piensan, y esto lleva a una situación de falsificación en la expresión de la realidad interna que produce una sensación de alta frustración.

La dificultad en la comunicación tiene también otra razón de ser. Nuestros procesos de pensamiento son generalmente más rápidos que cualquier sistema conocido para representarlos. La cantidad de información que manejamos en determinado momento es tan grande que el proceso de verbalización solamente se echa a andar en el instante en que llegamos a una conclusión o integración resultante de todo el manejo previo.

Si verbalizamos solamente la resultante sin hacer mención de todo el proceso de manejo de información que nos llevó a ella, lo único que lograremos será que quien nos escuche no nos entienda.

Deberíamos, pues, intentar reproducir en nuestras comunicaciones verbales no solamente las conclusiones a que llegamos sino toda la secuencia del manejo de datos que nos llevó a ellas. Sin embargo, cuando intentamos hacerlo nos encontramos con dos obstáculos casi infranqueables. En primer lugar, el tiempo que nos llevaría comunicar toda la secuencia sería extremadamente largo. En segundo, la reproducción exacta de la secuencia es sumamente difícil de lograr, por la simple razón de que muchos de los procesos internos que nos llevaron a determinada resultante no tienen carácter verbal y, aun cuando lo tuviesen, es muy probable que no pudiéramos recordarlos.

La comunicación exacta de nuestros procesos de pensamiento solamente es posible cuando nos encontramos a alguien que maneja información que cursa a través de secuencias semejantes a las nuestras y que, por tanto, puede entender nuestras resultantes verbales. La coincidencia en las secuencias se produce probablemente como resultado de historias personales similares. Esa similitud y la observación de que la otra persona es capaz de comprender producen una sensación de máxima afinidad y atracción en la cual la inhibición e interferencia, generalmente asociadas a procesos de comunicación, desaparecen.

Cuando esto ocurre, las personas que se están comunicando empiezan a descubrirse a sí mismas, cada una a través del descubrimiento de la otra, y empiezan a querer y amar a la otra al querer y amarse a sí; solamente en esa situación es posible la transmisión directa de experiencias internas.

TRIGÉSIMO TERCERO: DEL POETA

Poeta es aquel que tiene el talento suficiente como para, al ofrecer una resultante verbal, proporcionar con ella, y entre líneas, toda la secuencia de donde dicha resultante surge.

Es un raro privilegio que requiere un conocimiento profundo de la anticomedia humana.

TRIGÉSIMO CUARTO: DE LOS LÍDERES Y DE SUS DEPENDENCIAS

La aparición de un gran líder es un acontecimiento espectacular y determinante en la historia de un pueblo. El líder es considerado por sus seguidores como un dios, un intocable que jamás yerra en sus decisiones. El pueblo se somete a su voluntad y lo convierte en imagen de lo deseable, lo puro y lo auténtico.

No cabe la menor duda de que han existido líderes que fueron ellos mismos y que desearon transmitir sus enseñanzas y no imponerlas. Casos como los de Buda, Confucio y Jesús son característicos.

Tampoco hay la menor duda de que la mayoría de los líderes representaron comedias e inseguridades en sus liderazgos. Ejemplos típicos: Hitler y Mussolini. La diferencia esencial entre los dos tipos de líder estriba en que los primeros desearon transmitir vivencias de ser ellos mismos, intentando así lograr que los otros fueran también ellos mismos. En cambio, la motivación de los segundos fue imponer estructuras. Se sentían tan inseguros de sí que lo único que les interesaba era lograr que sus seguidores aceptaran a toda costa sus estructuras a fin de darles mayor realidad.

Los seguidores consideraban a estos líderes como los representantes de la seguridad e independencia personales y no se daban cuenta de que estos, sus líderes, dependían de la aceptación de los otros para ser "ellos mismos" y que, por tanto, eran los más dependientes e inseguros de sí de entre todos los que los rodeaban.

La necesidad de aceptación se manifestó en todas sus conductas: desde el gran valor y énfasis que ponían en su apariencia personal, hasta lo impresionante, teatral y dramático de sus discursos.

Las personas que aceptan un líder con esas características son aquellas que han sido entrenadas para considerar la manifestación externa o apariencia como sinónimo de la realidad interna, las que precisamente por ese motivo necesitan continuamente la aceptación que el otro les brinda.

La aparición del líder fantoche y la aceptación del mismo por sus seguidores es únicamente una comedia de mutuas inseguridades que se ven disminuidas al compartir estructuras.

TRIGÉSIMO QUINTO: DEL SER ESPECTADOR DE SÍ MISMO

Ocurre con frecuencia que las personas que tienen una larga historia de imposiciones son continuamente espectadoras de sí mismas. Solo en raras ocasiones pueden vivir una situación sintiendo que participan en ella, sin cuestionar su participación. Generalmente evalúan su conducta utilizando como parámetro el que esta se ajuste a determinada estructura. Si el resultado de su evaluación indica que la situación no corresponde a las metas o ideales fijados por la estructura, empiezan a sentirse molestas e incapaces de integrarse y de vivir lo que sucede a su alrededor.

Si el resultado de su evaluación indica que la situación sí corresponde al ideal, comienzan a vivir una sensación fluctuante caracterizada por un estado cercano a la tranquilidad, interrumpido súbitamente y sin aparente causa por la necesidad de analizar la situación que las rodea y evaluar el papel que juegan en ella. El análisis que hacen se caracteriza por cuestionar el efecto que están causando en quienes les rodean y si los demás se sienten a gusto en su presencia. El análisis y la evaluación que resulta del mismo siempre son circulares y redundantes en el sentido de que quienes analizan su propia participación están absolutamente seguros de que los otros hacen exactamente lo mismo. Jamás son capaces de concebir que los otros puedan tener una diferente forma de funcionamiento. La sensación del que analiza es doble; por un lado, siente que sería deseable simplemente vivir sin pensar en la vivencia; por el otro, se siente orgulloso del análisis que realiza pues cree que esa actividad representa lo más valioso que un ser humano puede hacer. Esta idea lo hace valorar a los demás de acuerdo con si acostumbran a analizarse como él mismo lo hace o si simplemente viven sin ser espectadores de sí mismos.

Quienes caen en la primera categoría se consideran valiosos, en cambio, los que pertenecen a la segunda se consideran simples y mediocres. En otras palabras, la persona que acostumbra a ser espectadora de sí tiene la necesidad oculta de que todos hagan lo mismo; solo así los considera valiosos.

Si consideramos con atención el mecanismo asociado a la situación descrita, nos daremos cuenta de que esta surge de una persona que, acostumbrada a acatar imposiciones, no hace otra cosa más que emitir imposiciones.

Ser espectador de uno mismo impide tener vivencias reales, inhibe toda posibilidad de aprender de la vida, puesto que esta se torna así tan clara y transparente, tan obviamente definida y definible, que ya nada nuevo sucede.

TRIGÉSIMO SEXTO: DEL ENTENDER

Cuando alguien ha dejado de jugar por considerarse más valioso que sus propios juegos, comienza a ver en los demás aspectos y condiciones que antes era incapaz de percibir.

En primer lugar, puede detectar el instante en que alguien empieza a jugar. La detección es relativamente sencilla, ocurre cuando la otra persona empieza a manifestar dependencia, necesidad de aceptar una estructura o de que se la impongan.

La detección, además de impedir que el que detecta caiga en el juego que el otro está empezando a utilizar, tiene un efecto sumamente interesante. La persona empieza a poder entender que el que juega no es el juego, en otras palabras, puede discriminar a la persona en sí como separada de sus juegos, ya no identifica la apariencia con el Ser, ya no confunde la manifestación externa con la realidad interna del otro puesto que ya no las confunde dentro de sí.

Si el otro manifiesta gran esnobismo, ya no lo ve como esnob, sino que, por el contrario, entiende que una actitud como esta solo surge de una inseguridad interna. Si el otro trata de imponer una estructura, ya no lo ve como autócrata o imponedor sino, más bien, entiende que esa necesidad surge del deseo de compartir una realidad interna que se tambalea.

En esa circunstancia se empieza a querer a las personas, se tiene la absoluta seguridad de que son buenas y valiosas, pero se sabe que tienen problemas por resolver que se manifiestan en muy diferentes formas.

La persona que juega generalmente lo hace para crear una barrera infranqueable que evita que el otro se asome a su interior. El miedo de que este interior no sea deseable y satisfactorio hace que la persona se vuelva impenetrable. En ese momento aparecen conductas que se utilizan para inhibir toda tentativa de penetración. Una de tales conductas puede ser la agresión abierta o encubierta. Si la agresión se dirige contra alguien que todavía no entiende se crea una situación de defensa y hostilidad mutuas. Si, en cambio, la agresión se dirige contra alguien que sí entiende, el único resultado posible es la disminución de dicha agresión.

La persona que entiende las razones de la agresión jamás contestará con hostilidad, sino más bien tratará de que quien agrede deje de jugar y se vea a sí mismo como alguien valioso que no requiere utilizar subterfugios. No es una actitud bondadosa y compasiva, es únicamente el resultado de considerar que dentro de todos nosotros existen cosas más importantes y valiosas que los juegos.

La vida del que entiende se vuelve extraordinariamente interesante e intensa. Todo instante está rodeado de una magia que invita a la meditación. Toda relación con alguien se vuelve extraordinariamente productiva y se dirige al ser. Una persona en estas condiciones deja de confundirse con las comedias y los juegos que utilizan quienes lo rodean, antes bien, esas comedias y juegos solo le enseñan que el hombre es, en sí mismo, un dios y que sus manifestaciones de odio, agresión, autoritarismo, etcétera, solo son señales de un camino que recorre y que va dirigido siempre al encuentro de sí mismo.

TRIGÉSIMO SÉPTIMO: DE LAS CAUSAS

Si al menos tratáramos de entender la verdadera causa y razón de ser de los juegos, jamás odiaríamos.

Si tan solo pudiéramos comprender que las causas de los juegos son siempre el deseo de dejar de jugarlos… amaríamos. Basta solo un ejemplo para entenderlo:

Alguien puede manifestar continuamente la convicción de que son completamente necesarios la rigidez y el autoritarismo en la educación. La convicción es tan intensa que esa persona trata por todos los medios de convencernos de su certeza. Existen dos formas de ver a una persona así, una de ellas es catalogarla como rígida y autoritaria. La otra, entender que su rigidez y autoritarismo aparentes solo son producto de una inseguridad interna que surge a su vez de la idea (impuesta en él por algún otro) de que no existe nada valioso en él mismo y por tanto en los demás tampoco, y que por ello es necesario crear condiciones rígidas y autoritarias para "construir" lo valioso.

Si alguien logra entender que la necesidad que siente esta persona por establecer una estructura rígida y autoritaria es solo un reflejo de la desconfianza en su propio valor, y que esa desconfianza le fue impuesta por alguien que le enseñó a no considerarse valioso, deja en ese instante de percibirlo como rígido y autoritario y empieza a entenderlo como alguien inseguro de sí. Sabe también que en el instante en que esa persona empiece a verse a sí misma, toda la estructura de rigidez y autoritarismo caerá por su propio peso, puesto que dicha persona entenderá que tenemos un mecanismo mucho más valioso y serio que cualquier situación que pretenda crearlo, y además comprenderá que la idea de imponer estructuras en la educación solo lleva a inhibir la posibilidad de que esta ocurra.

Por lo anterior, la reacción de la persona que entiende las verdaderas causas del aparente autoritarismo no reacciona ante su presencia con odio. Más bien comprende que dicho autoritarismo es una reacción ante una situación de inseguridad interna y que, por tanto, la persona autoritaria es valiosa y solo juega. Esta percepción del valor del otro hace que se le quiera y que no se confunda la simple manifestación de un juego con una realidad interna. Además, impulsa a trasmitirle a esta persona la idea de que sí es valiosa y no tiene necesidad ni razón para sentirse insegura.

Se desarrollará una relación productiva y dirigida a entender la realidad, y no una destructiva y hostil. Todo este, como resultado de, sencillamente, poder entender las causas de un juego.

TRIGÉSIMO OCTAVO: DE LA FILOSOFÍA

En cierta ocasión, Ludwig Wittgenstein advirtió a su alumno Malcolm de los graves peligros que entraña dedicarse a la filosofía pues, señalaba, existen grandes posibilidades de engañarse a uno mismo. Lo que probablemente quiso decir Wittgenstein es que un filósofo puede empezar a hacer manejos teóricos de datos conceptuales y olvidar que solo es posible hacer filosofía cuando esta resulta de vivencias reales.

En el instante en que un filósofo le da más importancia al análisis lógico de un problema, cae en el más profundo de los engaños. Comienza a depender de la estructura de lógica y de teoría y, así, se encierra en un círculo vicioso donde el manejo del problema por solucionar se vuelve redundante y vacío.

La tendencia a caer en este tipo de vicios es muy grande, pues la estructura lógica asociada es demasiado sutil como para poder detectarla.

Por otro lado, es común la consideración de que los avances del conocimiento filosófico resultan del manejo lógico que se imprime a los datos conceptuales. La verdad es que la filosofía, como ciencia del hombre, debería resultar del conocimiento que el filósofo encuentra y descubre en sí mismo y nunca en una estructura teórico-lógica.

Para lograr lo anterior se requiere un método que se aparte de toda estructura y que tenga como característica fundamental el cuestionamiento interno.

Solo de esa manera el conocimiento filosófico deja de ser redundante y de ser un engaño.

TRIGÉSIMO NOVENO: DE LA IRONÍA

La ironía resulta de la puesta en marcha de un mecanismo extraordinariamente sutil caracterizado por una burla de los juegos.

La persona irónica sabe de la existencia de juegos y cree que al burlarse de ellos los puede anular. La ironía puede estar dirigida hacia los juegos de los otros; en ese caso la anulación es tan solo aparente. La ironía de este tipo es solamente una defensa del que la aplica, para evitar descubrir sus propios juegos.

El burlarse de los juegos de los otros como defensa para ignorar los propios es un caso particular de un proceso generalizado de autoengaño. Este último se asocia a la extraña capacidad que tiene el ser humano para reconocer los errores, problemas y estructuras de los otros, y la incapacidad para verlos en sí mismo, a pesar de que los tenga similares o aun idénticos.

Provoca una sensación muy especial oír a alguien hacer un análisis impecable de estructuras asociadas a las conductas de quienes lo rodean y, simultáneamente, verle incapaz de reconocer que esas mismas estructuras que detecta en los demás funcionan en él.

Ese autoengaño tan sutil solamente se puede explicar si la persona que lo utiliza piensa que su caso es realmente diferente del de la otra persona y que por tanto no puede aplicársele a él mismo.

Pero tal pensamiento es falso, solo resulta del miedo de enfrentarse a la realidad.

La persona que posee las mismas estructuras que detecta en el otro, pero que no puede aceptarlas como existentes en sí mismo, utiliza para disculpar esta falta de aceptación, un sinnúmero de justificantes y de explicaciones lógicas, mismas que siempre se relacionan con esquemas deterministas.

Un ejemplo podrá ayudar a entenderlo: alguien escucha a otra persona quejarse de que un conocido, de quien esperaba recibir algo, lo ha defraudado. Si ese alguien es una persona que ha empezado a entender, sabrá que la queja manifestada es solo parte de un juego en el que el quejoso ha caído. Este juego surge de la estructura según la cual se tienen derechos de propiedad sobre la persona con quien uno se relaciona. Sabe además que esa necesidad de ser propiedad y propietario surge de una inseguridad interna. En pocas palabras, se da cuenta de las estructuras que aquella manifiesta y utiliza.

Lógico sería esperar que esta persona que "entiende" no posea las mismas estructuras que detecta en la otra. Desgraciadamente no siempre sucede. La persona que detectó la queja como una mera estructura puede utilizar quejas sin jamás darse cuenta de que también son una estructura, aunque ahora en sí misma. Cuando se queja siente que está en todo su derecho y que además su actitud está justificada. Esta justificación se nutre y explica por esquemas como: "Cuando alguien da algo, espera recibir algo a cambio" o "si yo quiero tanto a esta persona y me he sacrificado por ella, tengo derecho a esperar que ella haga lo mismo por mí", etcétera. Son esquemas deterministas que aparentemente justifican la queja... en realidad solo es una estructura de uso y propietario.

De este modo se explica por qué es tan fácil descubrir estructuras en los otros y no verlas en nosotros mismos. Esto a su vez explica la ironía hacia los otros.

Un segundo tipo de ironía es aquella que se dirige el mismo ironizador. Podríamos denominarla "autoironía".

La autoironía implica una burla hacia los juegos propios. El ser autoirónico sugiere tener un conocimiento muy objetivo de los juegos propios y de las estructuras con ellos asociadas. Escuchar a alguien autoironizarse constituye una experiencia deliciosa en que se goza con el sentido del humor más profundo que alguien pueda desarrollar; sin embargo, autoironizarse no deja de ser una defensa. Quien ironiza consigo siente que al burlarse de sus propios juegos obtiene el derecho de jugarlos sin culpa.

Se esperaría que la persona autoirónica no jugara; pero desgraciadamente no ocurre así. La autoironía en este caso es solo una intelectualización que no provoca cambios reales. Cuando una persona no juega, no tiene por qué ser irónica y, por tanto, el que es irónico consigo sí juega.

CUADRAGÉSIMO: DE SER UN EFECTO

Cuando alguien empieza a pensar que tiene un camino que seguir y lo considera fijo y determinado, solo está demostrando que ha dejado de ser causa y se ha convertido en efecto. Son los demás quienes están fijando su camino y no él mismo.

De la misma manera, cuando alguien utiliza un esquema lógico para explicarlo todo, significa que ese esquema ha sido descubierto por otro y no ha resultado de una vivencia real.

Las dos condiciones anteriores tienen en común el hecho de que la persona actúa limitándose al determinismo y las estructuras de los otros —es decir, como efecto— y no con base en sus propias experiencias.

Convertirse y actuar como efecto y no como causa hace que el mundo deje de enseñar, impide poder aprender y produce una sensación de vacío donde lo único importante es asimilar las enseñanzas del otro. Nunca, en esa situación, se considera posible realizar descubrimientos propios. Si estos ocurren, se ponen en entredicho esperando la valoración y el arbitrio del otro.

Si el otro considera que el descubrimiento no es valioso, este deja de serlo; si estima que tiene valor, deja de ser descubrimiento.

Si el otro enseña cuál es el camino, este se considera incambiable y determinado. Si en el camino ocurre una vivencia que no está de acuerdo con la consideración del otro, se le sacrifica en aras de esa consideración.

Cuando alguien deja de maravillarse por el universo demuestra que se ha convertido en efecto y ha dejado de ser causa.

CUADRAGÉSIMO PRIMERO: DEL GRADO DE SOCIALIZACIÓN

El grado de socialización está en relación directa con la rigidez del mecanismo pontificio decididor de realidades.

Por tanto, la capacidad de imaginación y la de vivencia guardan una relación inversa con el grado de socialización.

Así, alguien que no esté enteramente socializado será creativo, imaginativo y vivirá sus sueños como realidades.

CUADRAGÉSIMO SEGUNDO: DE LA CAPACIDAD DE ENTENDER

El cerebro del ser humano contiene de 10 a 12 mil millones de neuronas.

El monto de posibles combinaciones entre tal cantidad de elementos es semejante a la cantidad de partículas del universo conocido.

El número de patrones específicos de activación neuronal es prácticamente infinito.

La complicación de los procesos de integración que lleva a cabo esta estructura es mayor que la de cualquier modelo que intente explicarla.

Así, si nada es más complicado que el cerebro que cada uno de nosotros posee, entonces podemos entenderlo todo.

CUADRAGÉSIMO TERCERO: DE LA RIGIDEZ Y DE LA OBSESIVIDAD

La rigidez y la obsesividad siempre se presentan juntas y tienen las mismas causas.

Un individuo rígido es aquel que no puede aceptar que alguien manifieste una opinión, idea o conducta diferentes de las que él mismo tiene. Además, se caracteriza por una tendencia permanente a imponer estructuras.

A pesar de que manifieste lo contrario, la persona rígida no tiene capacidad de decisión, todas sus actividades son una simple puesta en práctica de las enseñanzas de alguien y, como tal, siempre se aplican en forma incambiable; todo aquello que salga de esas enseñanzas o que no esté previsto por ellas le provoca un estado conflictivo que difícilmente pueda superar. La enseñanza que lo rige fue impuesta y aceptada ciegamente y disminuyó solo en apariencia su inseguridad interna.

El deseo de imponer esas mismas enseñanzas tiene como único propósito establecer un acuerdo que les dé más realidad. Desde ese punto de vista, la persona rígida se basa en la manifestación conductual como parámetro de medida y no en la experiencia interna. Si se basara en la experiencia interna sabría que toda imposición es un absurdo, pues no lleva a la vivencia. Las causas de la inseguridad interna en la persona rígida se asocian a eventos que en algún momento de su vida provocaron grandes sentimientos de culpa que no ha podido superar. Son estos sentimientos los que provocan indirectamente la capacidad de aceptar imposiciones. La razón de ello es muy simple, la persona que se siente culpable piensa que no es valiosa y que, por tanto, no puede tomar decisiones. Necesita que alguien decida por ella y le enseñe el camino. La aceptación de este último imposibilita el cambio —de allí la rigidez— y además mantiene la sensación de impotencia.

La inseguridad interna provoca como reacción la manifestación conductual obsesiva. Todo el exterior debe estar ordenado, estructurado y dispuesto de tal forma que no haya posibilidad de riesgo. La persona que es obsesiva en su conducta y que, así, muestra al exterior una estructura de seguridad, es insegura en su interior. De nuevo piensa que es la manifestación lo importante y lo que da seguridad. No es capaz de sentirse a sí misma ni de admirarse; necesita un orden externo que admirar.

Tanto la rigidez como la obsesividad son simples reacciones al hecho de no poder aceptarse a sí misma. Ambas, son simples fachadas detrás de las cuales se oculta todo lo contrario a lo que manifiestan. Las dos resultan de sentimientos de culpa que traen como consecuencia una inseguridad interna que se desea ocultar.

Tanto la persona rígida como la obsesiva han olvidado que lo más importante es la experiencia interna y que esta no se puede trasmitir; por tanto, no tiene sentido manifestarla.

CUADRAGÉSIMO CUARTO: DE LA ANTIENTROPÍA Y DEL PANDETERMINISMO

La tendencia general del universo es hacia el desorden, es decir, la entropía. Los sistemas vivos en cambio tienen como característica básica alejarse del desorden o, lo que es lo mismo, ser antientrópicos. La apariencia de la primera célula fue, sin lugar a duda, la aparición del primer sistema antientrópico.

Los sistemas antientrópicos más primitivos son aquellos que no poseen determinismo propio. Una amiba no decide su conducta, esta siempre está determinada y asociada a estímulos externos. Si estimulamos a la amiba, se moverá; si no, permanecerá inmóvil.

El número de elementos que constituyen a la amiba es tan pequeño que la única actividad posible de esa entidad es la que resulta de la estimulación específica.

Cuando el número de elementos aumenta, el sistema empieza a manifestar conductas más complejas que principian a adquirir características de espontaneidad. Simultáneamente, el sistema comienza a ser capaz de representarse en su interior lo que lo rodea.

Cuando el grado de representación interna alcanza un suficiente nivel, el sistema deja de ser completamente determinado y aparecen las primeras manifestaciones de un autodeterminismo incipiente. El sistema empieza a dejar de depender del exterior puesto que este puede ser introyectado.

Probablemente el ser humano se encuentra en esa etapa de su evolución.

La capacidad de representación interna se manifiesta en forma muy clara en los niños; sus sueños, sus procesos imaginativos y sus juegos indican la existencia de un autodeterminismo en pleno desarrollo. Desgraciadamente todas esas características son bloqueadas e inhibidas durante el proceso de socialización. Al niño se le enseña que existe una realidad externa y que esta es la única valiosa, es más, se le obliga a aceptar sus procesos de representación interna como tontos y absurdos.

Todas esas enseñanzas hacen que se cree un mecanismo de valoración de la realidad que inhibe la posibilidad de tener vivencias libres sin evaluaciones y justificaciones.

Si el proceso se completa, el niño comienza a ser espectador de sí mismo, en ese momento todo lo que haga será determinado por aquello que piensa debería hacer, y ya no le será posible vivir sin analizar sus vivencias.

Probablemente tenga que pasar algún tiempo antes de que el hombre deje de ponerse obstáculos a sí mismo, cuando lo logre podrá llegar al autodeterminismo y a la libertad interna.

Existen, sin embargo, hombres que en este instante están empezando a ser libres, son todos aquellos que se han descubierto más valiosos que las estructuras que el proceso de socialización les ha impuesto.

Cuando el ser humano se convierta en autodeterminado entrará en una nueva etapa de su evolución, la del pandeterminismo.

Este implica la capacidad no solo de determinarse a uno mismo sino de determinar al universo.

Es la completa seguridad en la capacidad de representación interna, la certeza de que el universo es interior y, por tanto, manejable a voluntad.

Es algo a lo que llegaremos, y en verdad valdría la pena empezar desde ahora.

CUADRAGÉSIMO QUINTO: DEL SABER CUÁNDO SE ES

Existe un momento en la vida en el cual se plantea una interrogante:

¿De todas las vivencias, experiencias y sensaciones tenidas, cuáles son las que representan el Ser y cuáles son comedia?

La respuesta es muy sencilla, basta recordar cuándo no se era espectador de sí mismo, cuándo no se pensaba en el pensar, cuándo no se analizaba el análisis. Todo lo sentido, vivido y experimentado en esos momentos representa el Ser, en cambio, todo lo sentido, vivido y experimentado como espectador de sí es comedia y juego.

La razón es obvia, cuando se es espectador de sí mismo se actúa de acuerdo con una estructura, lo que se vive en esos momentos es dicha estructura. En cambio, cuando no se es tal espectador, lo que se vive es la vivencia. Quien pueda recordar estos momentos sabrá que en ellos nunca hubo maldad ni egoísmo, solo bondad y amor.

Esto indica que la maldad no existe, que es solo una reacción y una estructura, y que cuando la estructura se desecha conservando el Ser, este siempre es bueno.

CUADRAGÉSIMO SEXTO: DE LA CIENCIA

La persona que se dedica a hacer ciencia considera que los resultados que obtiene, la forma y el método que utiliza para obtenerlos, así como las teorías a que llega, tienen como característica fundamental la de ser absolutamente objetivos e incuestionablemente reales. Piensa además que la ciencia que lo ocupa no depende ni de la época en que se desarrolla ni de la cultura que la sostiene, lo cual es absolutamente falso: la ciencia siempre es producto de la actividad de un hombre con una historia particular. Tanto la forma de aproximarse a la naturaleza como las teorías que surgen de esa aproximación son inseparables de la historia del científico.

Basta un ejemplo para validar tal afirmación:

Nuestra cultura sostiene como premisa básica que la realidad existe, independientemente de quién la perciba. Piensa al mismo tiempo que un objeto es real en tanto muchos observadores estén de acuerdo en que lo es. Simultáneamente, considera que la realidad interna no compartible tiene un carácter subordinado y secundario con respecto a la realidad que sí se comparte.

Estas consideraciones se reflejan en la ciencia neurofisiológica. Con raras excepciones, la mayoría de los estudios acerca de la actividad eléctrica de los sistemas sensoriales ha hecho determinaciones acerca de qué estímulos hacen responder a una neurona y no acerca de las características de los patrones de respuesta en esa célula. Tal predilección por el estudio de la actividad neuronal en términos de estímulos externos y no de patrones de activación internos ha retardado el conocimiento de la codificación neurofisiológica de la información.

Es más, el énfasis en el estímulo externo y en sus características físicas como determinante directo de una respuesta neuronal promueve una aproximación muy dogmática al estudio del cerebro. En dicha aproximación, el cerebro es visto como una máquina determinista que responde en forma directa e invariable a las características físicas de los estímulos y no como un sistema plástico que cambia sus respuestas dependiendo de las memorias que son activadas por los estímulos que solo son reales y por tanto perceptibles en tanto evoquen un patrón de activación interno.

Desde este punto de vista, los sistemas perceptuales son considerados como realizadores de una duplicación lineal del mundo externo, cuando en realidad la percepción de un objeto es inseparable de la evocación de la información correspondiente almacenada en la memoria. Así no hay una duplicación del mundo externo sino, más bien, una construcción de él.

El interés que la ciencia neurofisiológica pone en las características físicas de los estímulos es solo explicable si pensamos que proviene de investigadores que han sido socializados en una cultura que considera los eventos externos como lo único válido y real y los internos como falsos e irreales.

Debemos recordar que la ciencia es una actividad humana y que, por tanto, depende en su aproximación y en sus teorías de la historia y la cultura particulares del hombre que la desarrolla.

CUADRAGÉSIMO SÉPTIMO: DEL MIEDO

La única razón que nos impide atrevernos a ser nosotros mismos es el miedo que nos infunde abandonar las estructuras, por la idea de que, de hacerlo, lo único que resultaría serían el caos, la infelicidad y la desesperanza.

Puesto que nunca probamos a ser nosotros mismos, no podemos averiguar si dicha suposición y tales temores tienen o no fundamento. Nos escudamos tras el hecho de que todos quienes nos rodean tienen el mismo miedo que nosotros y, además, afirman que el único resultado posible de tal atrevimiento sería la infelicidad. Nunca nos ponemos a pensar que ellos tampoco se han atrevido y que, por tanto, tampoco saben con certeza cuál será el resultado. Es más, el miedo que sentimos, además de tener como base la opinión de los otros, se refuerza por la idea de que poner en duda esa opinión provocaría que los otros nos rechazaran y dejaran de querernos.

Si tan solo recordáramos que el mundo en que vivimos y las estructuras en que se basa han sido responsables, en lo que va del siglo, de la muerte de decenas de millones de hombres; si al menos trajéramos a la memoria la hipocresía que nos rodea, la pobreza que nos envuelve, la injusticia donde estamos sumergidos; si tan solo dejáramos de conformarnos con tanto... nos atreveríamos.

Solo entonces descubriríamos la verdad: a lo único que conduce el ser yo mismo es a amarme a mí y a todo lo que me rodea. Sabríamos que toda la falta de amor de antes fue solo el resultado de considerar los acuerdos y las estructuras como lo más significativo.

Conoceríamos que nuestra realidad interna es más importante y valiosa que cualquier juego y que el resultado de hacer lo que realmente somos y no lo que los demás esperan que hagamos es todo lo contrario a la infelicidad, el caos y la desesperanza. En ese momento, cada instante de nuestra vida se convertiría en lo más importante y valioso: amaríamos a cualquier persona con quien interactuásemos. Y todo esto como resultado de amarnos, confiar y ser nosotros mismos.

CUADRAGÉSIMO OCTAVO: DEL SER

La última etapa del cambio hacia el Ser ocurre cuando acaban las dicotomías:

Cuando lo que se hace coincide punto a punto con lo que se piensa.

Cuando todo es importante y valioso y se deja de jerarquizar.

Cuando desaparece por completo la autocomplacencia.

Cuando deja de interesar que otros noten el cambio.

Cuando cada estímulo y cada situación enseñan.

Cuando se deja de dar valor diferente a las cosas.

Cuando todo se convierte en uno mismo.

Cuando se deja de analizar el análisis y se deja de pensar en el pensamiento.

Cuando se deja de pensar en el ser y se es.

Cuando se deja de actuar por recibir aprobación.

Cuando se deja de predicar y de imponer y únicamente se trasmite.

Cuando se vive sin valorar la vivencia.

Cuando se ama a todo y a todos.

Cuando se es libre.

Cuando se llega al ser…

AGRADECIMIENTOS

Gracias a mi padre amado, por dejar a la humanidad este regalo tan grande en todos sus textos e investigaciones. Gracias por haber tenido el atrevimiento de ahondarse en lo más profundo y darnos con sus letras una ventana para comprender un poco más nuestra naturaleza.

Gracias por ser uno de los pioneros en la investigación científica de la conciencia.

Gracias, padre, por enseñarme tantas cosas, acompañarme y cuidarme siempre con tanto amor.

Gracias a mi madre por siempre estar presente y siempre recordar a mi padre con respeto y cariño.

Gracias a mis hijas Ixchel y Leilani, por traer dentro esa herencia llena de sabiduría. Gracias por cuidar con tanto amor el legado de su abuelo.

Gracias a Nicolás por ayudar tanto en la recuperación de la obra de mi padre.

Gracias a la música por ser un canal tan sutil de comunicación con mi padre.

Gracias a todos los amigos entrañables de Jacobo.

Gracias a la familia.

Gracias a todos los científicos que han seguido la investigación en sus laboratorios.

Gracias a la UNAM por apoyar siempre el trabajo de mi padre.

Gracias a Penguin Random House por difundir el trabajo de Jacobo Grinberg en esta nueva edición de sus libros.

Gracias a la humanidad por estar llena de luz a pesar de todo lo que hemos y estamos pasando… Somos seres hermosos, parte de este universo que lo es todo… Somos polvo de estrellas.

Gracias, padre, donde sea que te encuentres. Te amo en lo más profundo de mi ser.

Estusha Grinberg

nguin Random House Grupo Editorial, S.A.U.
avessera de Gràcia, 47-49
Z, 8021

tps://www.penguinlibros.com/es/content/1334-seguridad-de-los-productos
guridadproductos@penguinrandomhouse.com
4 93 366 03 00

e authorized representative in the EU for product safety and compliance is

nguin Random House Grupo Editorial, S.A.U.
avessera de Gràcia, 47-49
Z, 8021

tps://www.penguinlibros.com/es/content/1334-seguridad-de-los-productos
guridadproductos@penguinrandomhouse.com
4 93 366 03 00

3N: 9798890987457
lease ID: 156016905

www.ingramcontent.com/pod-product-compliance
Lightning Source LLC
LaVergne TN
LVHW041212150826
845673LV00001B/365

* 9 7 9 8 8 9 0 9 8 7 4 5 7 *